조리과학화를 위한

실험 조리

EXPERIMENTAL COOKING

임희수 · 박문옥 · 박경란 공저

이 책을 펴내면서

최근 삶의 질을 높이기 위한 노력으로 음식과 식생활에 대한 관심이 고조되고 있다. 음식은 영양소의 공급만이 아니라 시각 · 미각 · 후각적으로 만족을 주고 질감도 좋아야 한다.

식품은 조리과정을 거치는데 이때 식품을 구성하는 성분에 물리적 · 화학적인 변화가 일어난다. 이 변화는 실험을 통해 바람직한 조리법을 알아낼 수 있다.

조리과정 중에 일어나는 성분의 변화를 실험조리를 통해 확인하고 그 결과를 이론적인 근거와 함께 객관적으로 평가하여 실제 조리에 응용함으로서 조리과학을 이해하는 것이 필요하다.

이 책은 조리의 기초, 관능검사, 탄수화물 식품(곡류, 밀가루, 당류, 두류), 단백질 식품(육류, 어패류, 달걀, 우유), 지질 식품(유지류), 비타민과 무기질 식품(채소와 과일), 한천 · 젤라틴의 조리로 구분하여 각각 여러 가지 실험을 할 수 있도록 하였다. 또한 실험과정을 쉽고 간결하게 이해할 수 있도록 도식화한 Flow Chart와 식생활에 적용할 수 있는 응용조리도 수록하였다.

식품영양 · 조리학을 전공하는 학생들이 이 책을 조리과학연구를 위한 실험 및 실제 조리에 적용할 수 있기를 바란다. 본 교재의 미흡한 부분은 앞으로 계속해서 수정하고 보완하고자 한다.

끝으로 이 책의 출간을 위해 도움을 주신 도서출판 효일 사장님과 임직원께 깊이 감사드린다.

저자 일동

조리과학화를 위한 **실험조리**

Contents

Chapter 05
당류의 조리

Chapter 06
두류의 조리

Chapter 07
육류의 조리

Chapter 08
어패류의 조리

Chapter 09
달걀의 조리

Chapter 10
우유의 조리

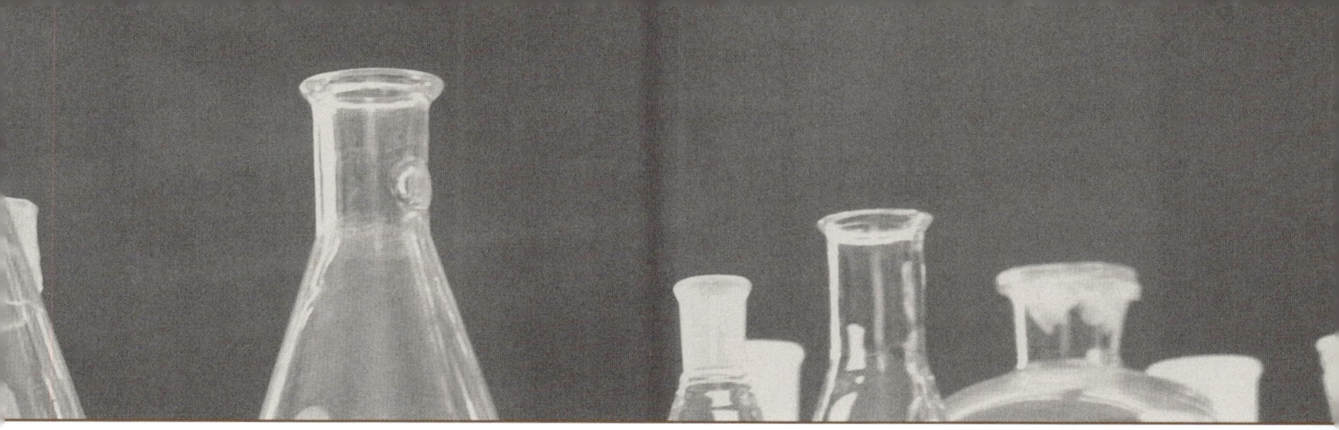

Chapter 11
유지류의 조리

Chapter 12
채소와 과일의 조리

Chapter 13
한천과 젤라틴의 조리

CHAPTER

01

실험조리의 기초

01 실험조리의 개요

02 조리와 물

03 열의 전달

04 계량

05 목측량, 폐기율 및 흡수율

실험 1 고체식품과 액체식품의 계량

실험 2 식품의 목측량 측정

실험 3 식품의 폐기율 측정

실험 4 식품의 흡수율 실험

1. 실험조리의 개요

식품은 여러 가지 영양 성분과 색, 향기, 맛, 텍스처 특성을 주는 비영양 성분, 그리고 생리활성 물질들로 구성되어 있다.

대부분의 식품은 조리과정을 거쳐 먹게 되는데 이 과정에서 물리적·화학적 변화가 일어나며 조리하는 방법에 따라 파괴되는 정도의 차이가 생긴다.

조리를 과학적으로 연구하기 위해서는 관능 실험도 필요하고 음식의 좋고 나쁜 결과를 확인하기 위한 물리·화학적 실험의 반복도 필요하다. 또한 조리현상에 객관성을 부여하기 위해서는 결과를 측정하고 그 수치를 통계적으로 처리하기 위한 수학적인 요소도 포함된다.

따라서 본 실험서의 목적은 여러 식품재료를 사용한 물리·화학적 실험을 통해 이것의 원리를 설명하고, 실험조리를 행하며 변화되는 현상을 관찰하고 이를 정리하여 고찰하는 힘을 기르는 데 있다.

(1) 실험조리 실험 시 주의사항

❶ 실험을 시작하기 전 실험의 목적, 내용 및 방법, 관찰해야 할 중요한 점 등을 충분히 확인하고 이해한다.

❷ 실험서, 실험결과를 기입할 메모지, 필기도구를 준비한다.

❸ 실험에 사용하는 기구 및 기기를 사용하기 편리하게 준비한다.

❹ 실험복은 항상 청결을 유지하고 긴 머리는 뒤로 묶는다.

❺ 손은 깨끗이 씻고 손톱은 짧게 하고 매니큐어를 바르지 않으며 반지, 시계 등 장신구를 착용하지 않는다.

❻ 신발은 앞이 막히고 굽이 높지 않은 편안한 것을 선택하여 안전사고가 일어나지 않도록 한다.

❼ 실험조건을 정확히 지키고 보고서에 실험순서 및 결과를 정확하고 상세하게 기록하며, 결과에 따른 고찰을 기술하도록 한다.

❽ 실험순서에 맞도록 역할 분담을 하여 조원 모두가 실험에 참여할 수 있도록 한다.

❾ 실험이 끝나면 실험 및 개수대를 깨끗이 하고, 기구 및 기기는 깨끗이 씻어 건조시킨 후 정리·정돈한다.

❿ 수도, 가스, 전원 등을 점검하고 조교의 확인을 받는다.

(2) 실험보고서 작성

보고서는 일정한 노트의 왼쪽 상단에 쪽수를 기록하고 상부 중앙에 교과 과목을 쓰고 오른쪽에 실험한 날짜와 실험한 사람이나 그룹 구성원의 이름을 기입한다. 교과 과목 중앙에 실험제목을 쓰고 연구 및 평가 내용을 쓴다.

일반적으로 실험조리의 보고서는 다음과 같은 양식을 따른다.

❶ 실험제목

❷ 날짜, 날씨, 실험자 성명

❸ 실험목적(실험을 통해 확인할 수 있는 내용을 서술)

❹ 재료 및 기구(기기)

❺ 실험방법

❻ 실험결과(표나 차트를 이용)

❼ 고찰사항

❽ 참고문헌

참고도서는 저자, 책명(또는 제목), 페이지, 출판사(또는 출처), 연도 순으로 기록한다.

예) 장명숙, 식품과 조리원리, p.19, 도서출판 효일, 서울, 2013.

2. 조리와 물

조리에 있어서 물과 열은 밀접한 관계로 조리 조작의 필수 요소이다. 그러므로 물과 열의 관계를 잘 이해하는 것이 조리의 기본이 된다.

물은 조리에서 가장 중요한 재료이며, 여러 가지 조리 조작에서도 물의 역할은 대단히 크다.

차나 커피, 국물 등에 사용되고 식품에 맛을 들게 하는 조미료의 운반 역할을 하며, 건조된 것을 수화시키고, 식품의 성분을 침출시킨다. 또한 가열조건을 일정하게 유지시키고, 전분의 호화와 같은 물리적 변화를 돕고 열을 전달한다.

(1) 물의 성질

1) 비점

물은 일정한 압력에서 어떤 일정 온도에 도달하면 물 표면에서 일어나는 증발 외에 물의 내부에서 기화가 시작된다. 이와 같이 물의 내부에서 시작되는 기화현상을 비등이라고 하며 비등이 시작되는 온도를 비점이라고 한다.

순수한 물은 1기압일 때 100℃에서 끓고 0℃에서 얼게 된다. 그러나 물속에 다른 물질이 녹아 있을 때에는 그 농도가 높아질수록 비점이 올라가고 빙점은 내려간다. 즉, 순수한 물보다도 소금물이나 설탕물의 비점은 높아지고, 수프 등도 물보다 높은 온도에서 끓는다.

2) 삼투압 침투현상

용매는 자유롭게 투과시키지만 용질은 투과시키지 않으며, 이러한 성질의 막을 반투과성 막이라고 한다. 반투과성 막을 통하여 용매가 확산하는 현상, 즉 반투과성 막을 사이에 두고 농도가 서로 다른 용액을 넣었을 때 묽은 용액의 용매가 진한 농도의 용액 쪽으로 이동하는 현상을 삼투압이라고 한다. 삼투압 작용은 채소나 생선을 소금에 절일 때 볼 수 있다.

채소에 소금을 가하면 수분이 밖으로 빠져나오고 소금은 채소 내로 들어간다. 이것은 삼투압의 작용에 의해 탈수현상이 일어나고 소금이 침투하여 세포 안팎의 삼투압이 서로 같아지려고 하는 힘 때문이다.

침투현상은 조미료 사용 시에 볼 수 있는데 이때 분자량이 다른 각각의 조미료의 침투속도는 다르다. 즉, 분자량이 작은 것이 빨리 침투된다. 분자량은 물(H_2O)이 18.0, 소금($NaCl$)이 58.5, 설탕($C_{12}H_{22}O_{11}$)이 342.2이므로 소금과 설탕을 동시에 조미하면 소금의 맛만 더 강해진다. 따라서 분자량이 큰 설탕을 먼저 가한 뒤에 소금을 넣는 것이 좋다.

3) 팽윤

곡물(쌀 · 콩 등), 건조식품(표고버섯 · 다시마 · 미역 등)을 물에 넣었을 때, 몇 배로 불어나는 현상을 팽윤이라고 한다. 식품의 흡수속도는 식품의 종류, 건조상태 등에 따라 다르나 보통 물의 온도가 높을수록, 표면적이 높을수록 수분흡수가 빠르다.

4) 용출

식품 중의 성분이 용매(조리에서는 보통 물) 속에 녹아 나오는 현상을 용출이라고 한다.

재료의 성분을 단단하게 하는 것으로, 예를 들면 단백질을 변성시켜서 딱딱하게 하는 칼슘, 마그네슘 등의 염류가 물에 함유되어 있으면 콩 같은 성분은 용출이 어렵다. 그리고 용액 속에 용출되어 나오는 물질의 농도는 낮을수록 용출이 빠르므로 떫은맛을 빼는 경우 물을 자주 갈아 주는 것이 좋다.

또한 온도가 높은 쪽이 용출이 좋다. 수프를 맛이 있게 하는 경우, 끓기 직전의 온도에서 성분을 용출시키는 것이 이 때문이다. 반면 재료 속에 들어 있는 맛있는 성분이나 영양 성분도 용출되므로 필요 이상 재료를 씻거나 물속에 담가 두면 영양소의 손실이 많아진다.

5) 경수와 연수

칼슘 염류(Ca^{++})나 마그네슘 염류(Mg^{++})를 비교적 많이 함유한 경도가 높은 물은 경수(hard water)라 하고, 이러한 염류를 적게 함유하거나 혹은 전혀 함유하지 않은 경도가 낮은 물을 연수(soft water)라 한다.

보통 물 100mL 속에 산화칼슘이 1mg 포함되어 있는 것을 경도(hardness) 1도로 정하는데 경도 20도 이상의 것이 경수이고, 경도 10도 이하의 것이 연수이다.

경수는 단백질과 결합하여 단백질을 변성시키기 때문에 특히 콩이나 육류 등 단백질을 많이 함유한 식품의 조리에는 적합하지 않으며, 차나 국물의 침출에도 좋지 않다.

6) 물의 맛

물은 연수여야 하며 12.9~69.0℃에서 맛이 있다. 또한 미량의 CO_2를 함유하고 약간 산성을 나타내는 것으로 약간의 물질이 탄산염으로서 존재하는 경우가 좋다.

담아 둔 물의 맛이 나쁜 것은 녹은 탄산가스가 날아가 버리고, pH가 높아지기 때문이다. 또한 살균용의 염소가 함유되어 있는 수돗물은 염소의 냄새가 요리에 영향을 줄 뿐 아니라 홍차나 커피를 끓일 때 침출을 방해하므로, 수돗물을 조리에 사용할 때는 충분히 끓일 필요가 있다.

철분은 영양상 유익하나 0.3ppm 이상 혼입되면 좋지 않다. 철분이 많은 물을 사용하면 차 속의 탄닌은 흑변되며 채소나 과일 등의 외관을 나쁘게 하고 비타민 C의 파괴율도 높아지므로 좋지 않다. 좋은 음료수의 조건을 보면 알 수 있듯이 무기질이 적당량 함유되어 있는 물은 맛도 좋으며 무기질의 급원이 되기도 한다.

3. 열의 전달

가열조리 시 열이 전달되는 방법으로는 전도, 대류, 복사, 유도, 초단파 등이 있으며 에너지 전달형태에 따라 식품에 미치는 영향이 다르다.

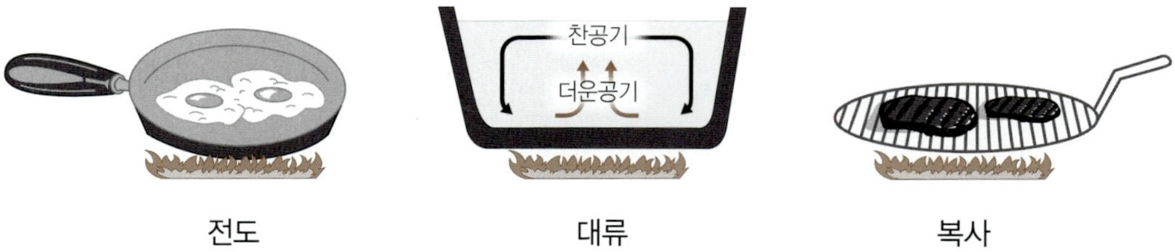

[그림 1-1] 전도, 대류, 복사

(1) 전도

열원으로부터의 에너지가 음식을 조리하는 팬에 직접 전달된다. 팬의 표면을 구성하는 금속 분자들이 그 옆에 있는 금속 분자에 에너지를 전달하며 계속해서 팬 안쪽과 그 안에 있는 식품에까지 열을 전달한다. 전도는 에너지를 전달하는 편리한 수단이나 분자와 분자 사이에 에너지를 통과시키는 데 드는 시간이 많이 필요하여 열의 전달이 비교적 서서히 일어난다. 팬을 만드는 금속에 따라 열전도율에 차이가 있다.

(2) 대류

대류에 의한 열의 전달은 액체나 공기에 의해서만 일어난다. 즉, 물이나 공기를 가열하면 순환방식에 의하여 밀도가 높은 곳에서 낮은 곳으로 열이 전달되는 방법이다. 위쪽의 찬 공기나 액체는 밀도가 높고 무거우므로 아래쪽으로 이동하고, 따뜻한 공기나 액체는 위쪽으로 올라가게 되며 열은 물체의 주위를 따라 대류된다. 열이 전달되는 속도는 전도와 복사의 중간 정도이다. 대류와 전도를 적절하게 이용하면 음식의 질을 좋게 할 수 있으며 대류 가열방식은 시간과 에너지를 절약하는 효과가 있다.

(3) 복사

열의 급원에서 식품까지 에너지가 직접 전달되는 현상을 복사라고 하며, 열전달 속도가 가장 빠르다. 그 예로 석쇠구이와 전기 토스터의 가열이 있다. 조리용 기구의 표면이 검고 거칠수록 복사에너지를 더 잘 흡수하여 조리시간이 단축된다. 오븐에 사용할 수 있는 파이렉스 용기는 아주 효과적으로 복사에너지를 흡수한다. 그러므로 검정색 용기나 파이렉스 용기를 사용할 때에는 흰 알루미늄 용기를 사용할 때보다 오븐 온도를 조금 낮추는 것이 좋다.

(4) 유도

유도가열은 전자기 유도현상을 이용하여 금속용기를 가열하는 방법이다. 세라믹 상판 아래에 자력 발생코일을 부착하고 전류를 보내면 코일 주변에 자기장이 발생하여 상판 위에 놓인 금속 용기를 통과할 때 용기에 포함된 금속과 반응한다. 이때 와전류(소용돌이 전류)가 생기면서 용기가 발열을 일으키고, 이 열은 전도에 의해 용기 내부로 전달되어 식품이 가열된다. 유도가열은 불필요한 에너지 낭비가 없고, 열효율이 높아 가열시간이 짧으며, 직접적인 불꽃이 생기지 않아 화재위험이나 유해가스 누출이 없다. 그러나 철제, 법랑, 스테인리스 스틸 등과 같이 바닥이 자석에 붙을 수 있는 재질이어야 하며 일반 알루미늄 냄비, 뚝배기, 유리그릇 등은 사용할 수 없다.

(5) 초단파

초단파 에너지를 이용하는 전자레인지 또는 오븐은 복사에너지의 형태이다. 즉, 마그네트론에서의 초단파가 전파를 발산함에 따라 식품을 구성하고 있는 분자의 떨림이 증가하여 열을 발산하는 원리를 이용한 조리기구이다. 마그네트론은 고주파 발전관이며 여기에 고압전기를 가하여 2,450MHz의 고주파를 발생시키고 도파관(waveguide)을 통하여 전자파를 전송시킴으로써 식품을 구성하고 있는 분자들을 1초에 24억 5천만 번 회전하여 마찰열이 발생되도록 한다. 육류와 같이 부피가 크고 조밀한 식품은 가열시간이 끝난 후에도 일정한 시간을 두면 식품 속의 나머지 열이 전도에 의하여 이전된다. 조리시간이 빠른 것이 장점이나 육류나 빵을 구울 때 빵의 모양이 변하거나 갈변 반응이 일어나지 않는다. 왜냐하면 짧은 시간에 가열되므로 연화나 향미가 잘 형성될 시간을 갖지 못하기 때문이다. 전자오븐에서는 금속 제품의 용기를 사용할 수 없다. 금속은 전자파를 반사하고 튀게 하므로 마그네트론에 해를 입히게 된다.

(6) 열효율

연료가 가지는 열량과 직접 가열에 쓰이는 열량의 비를 열효율이라고 하는데, 연료를 써서 0℃ 물을 100℃로 올리는 데 연료의 열이 100% 이용된다면 그 열효율은 100이라고 한다. 그러나 실제로 연료가 탈 때 내는 열량은 그 속에 함유되어 있는 열량의 100%가 아니므로 열효율은 연료의 종류에 따라 다르고, 가열하기 위한 기구나 태우는 방법 등에 따라 큰 차이가 있다.

표 1-1 열원에 따른 열효율

물질	열효율(%)	물질	열효율(%)
전력(전기솥)	50~65	연탄	30~40
가스	40~45	장작	25~45
석탄	30~40	왕겨	20

4. 계량

실험조리의 기본은 식품을 정확하게 계량하는 일이다. 식품을 계량할 때 조리 조작에 따라 같은 식품이라 하더라도 때에 따라서는 중량을 정확하게 측정하여야 하는 경우가 있다. 식품을 조리할 때에 계량이 곤란한 경우가 있으므로 실험조건과 식품의 성질 등을 파악하여 가장 적절한 계량방법을 익혀야 한다.

음식에서 사용하는 계량 단위

- 1tsp(tea spoon) = 5mL
- 1Tbsp(table spoon) = 15mL
- 1Tbsp = 3tsp
- 1C(cup) = 200mL(한국)
- 1C(cup) = 240mL(서양)
- 1oz(ounce) = 2Tbsp = 30mL
- 1pt(pint) = 2C = 0.47L
- 1gal(gallon) = 16C = 3.8L
- 1lb(pound) = 16oz = 454g

(1) 액체

액체용 계량기구는 유리 같이 투명한 것이 좋다. 액체 표면의 아랫부분(meniscus)을 눈과 같은 높이로 맞추어 읽어야 하며, 저울을 사용할 때는 저울의 정면에서 바늘을 0으로 맞춘 후 올려놓고 재어야 한다.

꿀이나 기름 같이 점성이 높은 것은 1/2컵, 1/3컵, 1/4컵으로 나누어진 컵을 사용하며 그릇에 옮길 때 부드러운 고무주걱으로 잘 긁어 옮긴다.

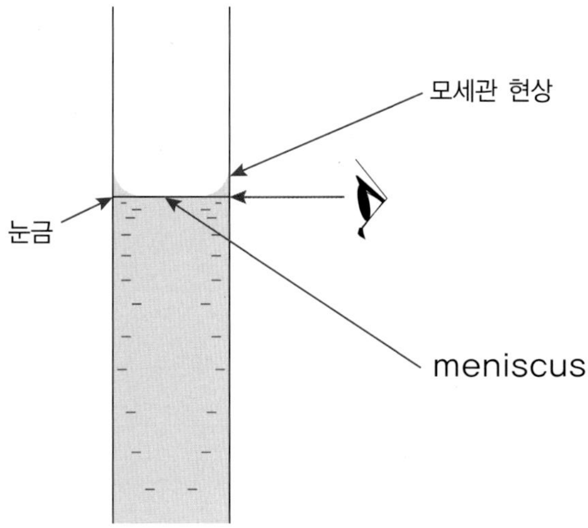

[그림 1-2] **액체 측정용 기구 읽는 법**

(2) 밀가루

무게로 재는 것이 더 정확하다. 부피로 잴 때는 체로 친 후 계량컵에 수북이 담아 칼등이나 스패튤러를 사용하여 깎아 낸다. 계량컵을 흔들거나 누르면 안 되고, 베이킹파우더, 베이킹소다, 향신료 등은 잘 휘저어 계량한다.

[그림 1-3] **밀가루 계량법**

(3) 설탕

백설탕은 휘저은 다음 계량컵이나 계량스푼으로 계량한다. 흑설탕은 꾹꾹 눌러 담아 수평으로 깎아서 계량한 후 엎었을 때 컵이나 스푼의 모형이 나타나도록 한다.

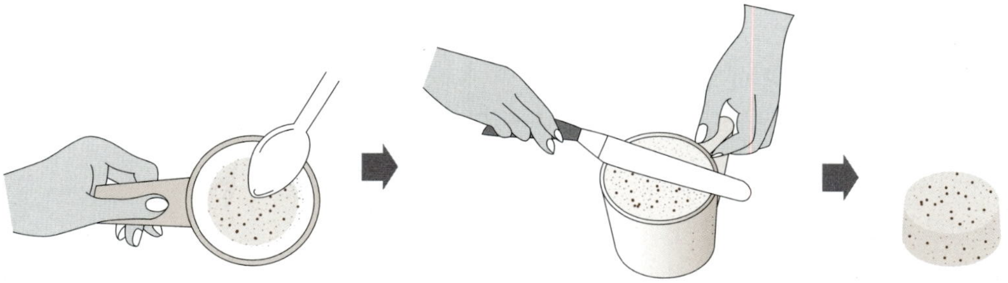

[그림 1-4] **흑설탕 계량법**

(4) 고체지방

버터나 쇼트닝은 저울로 무게를 측정하는 것이 정확하나 부피로 측정할 때는 실온에서 계량컵에 꾹꾹 눌러 빈 공간이 없게 담은 후 수평으로 깎아서 계량한다.

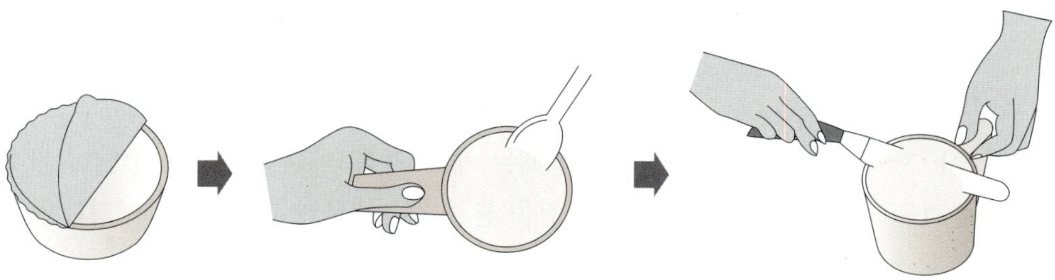

[그림 1-5] **고체지방 계량법**

5. 목측량, 폐기율 및 흡수율

(1) 목측량

조리현장에서 식품재료와 양념을 계량컵이나 계량스푼으로 일일이 계량하여 사용한다는 것은 사실상 번거롭기 때문에 오랜 경험에서 오는 목측량을 사용하는 경우가 많다. 대략 어느 정도의 무게를 지니는지 눈대중으로 어림잡는 것을 목측량이라고 한다. 손가락이나 손바닥 등으로 식품재료와 양념을 어림으로 사용하여도 정확히 맛을 낼 수 있도록 목측량을 알고 있는 것이 중요하다.

부피에 대한 목측량은 계량컵이나 계량스푼이 아니어도 밥공기, 국그릇, 국자, 수저의 용량, 손바닥 한줌의 양 등을 알아두면 조리에 쉽게 적용할 수 있다.

(2) 폐기율

식품의 폐기율은 식품재료 중 먹지 못하는 부분의 무게를 전체 무게에 대한 비율로 표시한 것이다. 식품의 총 중량에서 폐기율을 제외한 부분을 가식부율이라고 한다. 과일류와 어패류는 폐기율이 높은 편이고 식품재료의 크기가 클수록, 식품의 신선도가 높을수록 폐기율은 낮아진다. 특히 단체급식에서 식품재료를 발주할 경우 각 식품의 폐기율을 고려하여 발주량을 결정해야 한다. 폐기부분이 없는 식품은 1인 1회분량(순사용량)×급식예정인원수로 하고, 폐기부분이 있는 식품은 1인 1회분량(순사용량)×급식예정인원수×출고계수(100÷가식부율)로 한다.

표 1-2 식품의 가식부율 및 출고계수

식품	가식부율(%)	폐기율(%)	출고계수
감자	94	6	1.06
양파	92	8	1.09
시금치	86	14	1.16
미나리	82	18	1.22
사과	82	18	1.22
배	74	26	1.35
감	95	5	1.05
귤	82	18	1.22
바나나	60	40	1.67
꽁치	56	44	1.79
오징어	78	22	1.28
새우(대하)	54	46	1.85
조개(바지락)	47	53	2.13

(3) 흡수율

곡류, 두류, 채소류, 버섯류, 어패류, 해조류 등의 건조식품은 가열하기 전에 물에 담가 수분을 흡수시키면 조직이 연화되고 팽윤하여 열전도가 빠르고 고르게 일어난다. 흡수속도는 수온이 높을수록 빠르고 흡수량은 흡수속도와 흡수시간에 의하여 결정된다. 건조식품이 수분을 흡수하면 무게가 증가하는데 쌀은 1.2~1.3배, 미역은 8~9배이며 식품을 조리할 때는 증가한 양을 고려하여 양념을 사용하여야 한다.

표 1-3 건조식품의 무게증가율

건조식품	무게증가율(배)	건조식품	무게증가율(배)
쌀	1.2~1.3	무말랭이	5~6
콩	2~3	호박오가리	5~6
당면	6~7	미역	8~9
표고버섯	6~7	다시마	3
목이버섯	8	홍합	3
고사리	6~7	해삼	4

실험 1 · 고체식품과 액체식품의 계량

1. 실험목적

식품의 종류에 따른 계량방법을 알아보고 식품들을 정확하게 계량하는 방법을 익힌다.

2. 실험재료

밀가루, 흑설탕, 백설탕, 쌀, 콩 각 3C
물, 간장, 식용유 각 3C
베이킹파우더, 고춧가루, 된장, 버터 각 3Tbsp

3. 실험기구 및 기기

계량컵, 계량스푼, 저울, 체, 스패튤러

4. 실험방법

❶ 밀가루는 체에 친 다음 계량스푼으로 퍼서 계량컵에 가볍게 담고 윗면을 스패튤러로 수평이 되도록 깎아서 무게를 측정한다.
❷ 흑설탕은 계량컵에 꾹꾹 눌러 담은 후 윗면을 깎아서 무게를 측정한다. 이때 계량컵을 거꾸로 하여 쏟았을 때 컵 모양이 나오도록 한다.
❸ 백설탕은 덩어리가 있으면 부수고 스푼으로 저은 다음 계량컵에 수북이 담고 윗면을 깎아서 무게를 측정한다.
❹ 쌀과 콩은 각각 계량컵에 가득 담아 살짝 흔들어 윗면을 깎은 다음 무게를 측정한다.
❺ 물, 간장, 식용유는 각각 계량컵에 흘러넘치지 않을 정도로 가득 담아 무게를 측정한다.
❻ 베이킹파우더와 고춧가루는 눌려지지 않게 계량스푼에 가득 담고 윗면을 깎은 다음 무게를 측정한다.
❼ 된장은 계량스푼에 꾹꾹 눌러 담아 윗면을 깎아서 무게를 측정한다.

❽ 버터는 실온에서 부드럽게 한 후 계량스푼에 꾹꾹 눌러 담아 사이가 뜨지 않게 한 다음 윗면을 깎아서 무게를 측정한다.

❾ 각 식품들은 3회 반복 측정한 후 평균량을 계산한다.

❿ 식품별로 측정한 평균량을 표준량과 비교해 본다.

5. Flow Chart

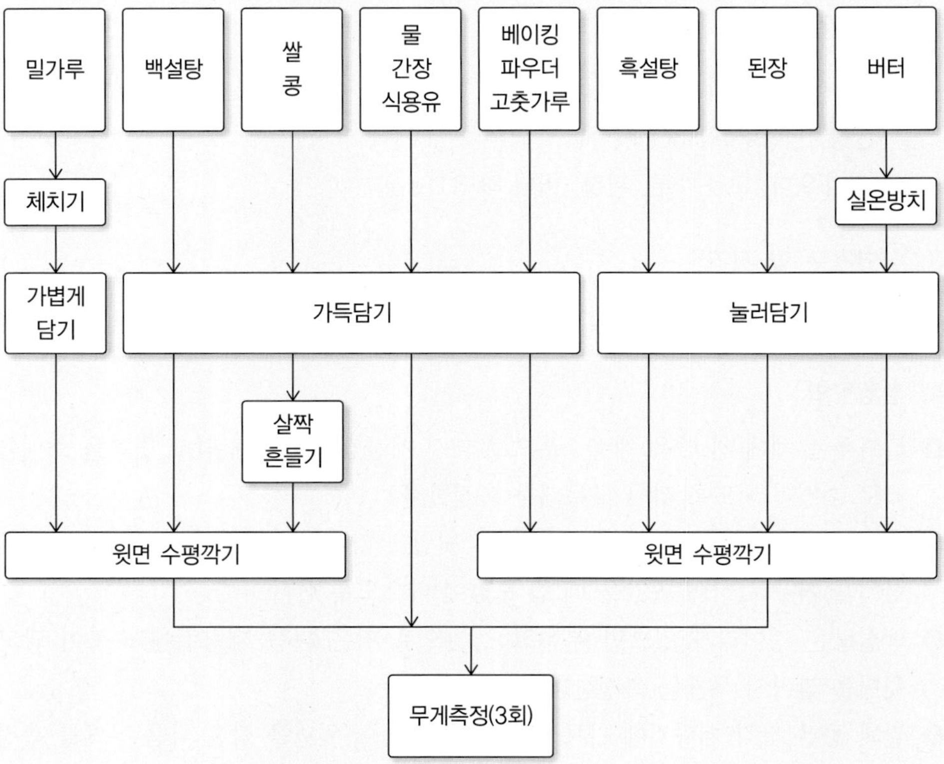

6. 실험결과

식품	단위	측정량(g)				표준량(g)
		1회	2회	3회	평균량	
밀가루	1C					100
흑설탕	1C					200
백설탕	1C					150
쌀	1C					160
콩	1C					130
물	1C					200
간장	1C					230
식용유	1C					180
베이킹파우더	1Tbsp					9
고춧가루	1Tbsp					6
된장	1Tbsp					17
버터	1Tbsp					13

7. 고찰

실험 2 · 식품의 목측량 측정

1. 실험목적

일반적으로 사용되는 식품의 목측량과 실제 무게를 측정하여 그 차이를 비교하여 본다.

2. 실험재료

오이, 당근, 양파, 풋고추, 애호박, 가지, 토마토, 감자 각 1개
사과, 배, 감, 귤, 참외, 바나나 각 1개
조기, 고등어, 오징어, 새우(대하), 꽃게 각 1마리
도라지, 굵은 파, 실파 각 1뿌리
두부, 청포묵 각 1모
콩나물 1봉
대파, 시금치, 미나리 각 1단
배추, 양배추, 양상추, 마늘 각 1통
대추, 밤(깐 것), 호두(깐 것), 쌀가루 각 1C
뱅어포, 슬라이스치즈 각 1장

3. 실험기구 및 기기

계량컵, 저울, 조리기구

4. 실험방법

❶ 각 식품의 양을 보고 무게를 짐작하여 표에 기록한다.
❷ 각 식품의 무게를 측정한 뒤 표에 기록한다.
❸ 식품별 목측량과 실제 무게를 비교한다.

5. Flow Chart

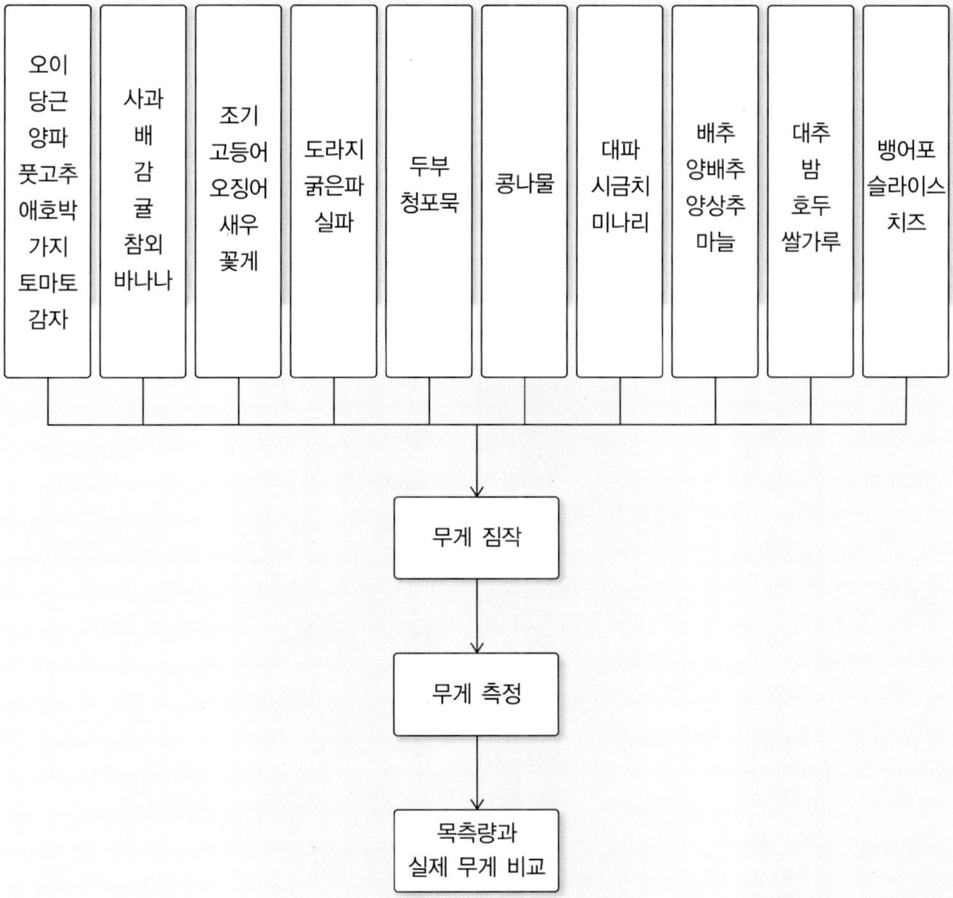

오이 당근 양파 풋고추 애호박 가지 토마토 감자
사과 배 감 귤 참외 바나나
조기 고등어 오징어 새우 꽃게
도라지 굵은파 실파
두부 청포묵
콩나물
대파 시금치 미나리
배추 양배추 양상추 마늘
대추 밤 호두 쌀가루
뱅어포 슬라이스 치즈
무게 짐작
무게 측정
목측량과 실제 무게 비교

6. 실험결과

식품	단위	목측량(g)	실제 무게(g)	식품	단위	목측량(g)	실제 무게(g)
오이	1개			도라지	1뿌리		
당근	1개			굵은 파	1뿌리		
양파	1개			실파	1뿌리		
풋고추	1개			두부	1모		
애호박	1개			청포묵	1모		
가지	1개			콩나물	1봉		
토마토	1개			대파	1단		
감자	1개			시금치	1단		
사과	1개			미나리	1단		
배	1개			배추	1통		
감	1개			양배추	1통		
귤	1개			양상추	1통		
참외	1개			마늘	1통		
바나나	1개			대추	1C		
조기	1마리			밤(깐 것)	1C		
고등어	1마리			호두(깐 것)	1C		
오징어	1마리			쌀가루	1C		
새우(대하)	1마리			뱅어포	1장		
꽃게	1마리			슬라이스치즈	1장		

7. 고찰

실험 3 · 식품의 폐기율 측정

1. 실험목적

일상적으로 사용되는 여러 가지 식품에 대하여 폐기되는 양을 측정하여 폐기율의 중요성에 대하여 이해한다.

2. 실험재료

양파, 감자 각 1개
시금치, 미나리 각 1/3단
사과, 배, 감, 귤, 바나나 각 1개
꽁치, 오징어, 새우(대하) 각 1마리
조개(바지락) 1개

3. 실험기구 및 기기

저울, 조리기구

4. 실험방법

❶ 모든 식품은 손질하기 전의 상태에서 각각의 무게를 측정한다.
❷ 각 식품은 다음과 같은 방법으로 손질한다.
- 양파와 감자는 껍질을 제거한다.
- 시금치와 미나리는 뿌리와 변색된 잎을 제거한다.
- 사과, 배, 감은 껍질과 씨를 제거한다.
- 귤과 바나나는 껍질을 제거한다.
- 꽁치는 꼬리, 지느러미, 머리, 내장, 뼈를 제거한다.
- 오징어는 내장과 껍질을 제거한다.
- 새우(대하)는 내장, 껍질, 머리를 제거한다.
- 조개(바지락)는 껍질을 제거한다.

❸ 각 식품별로 가식부의 무게를 측정한다.

❹ 각 식품의 폐기율은 다음과 같은 방법으로 계산한다.

$$\text{폐기율(\%)} = \frac{\text{전체 무게(g)} - \text{가식부 무게(g)}}{\text{전체 무게(g)}} \times 100$$

❺ 각 식품별 폐기율을 식품분석표에 있는 폐기율과 비교한다.

5. Flow Chart

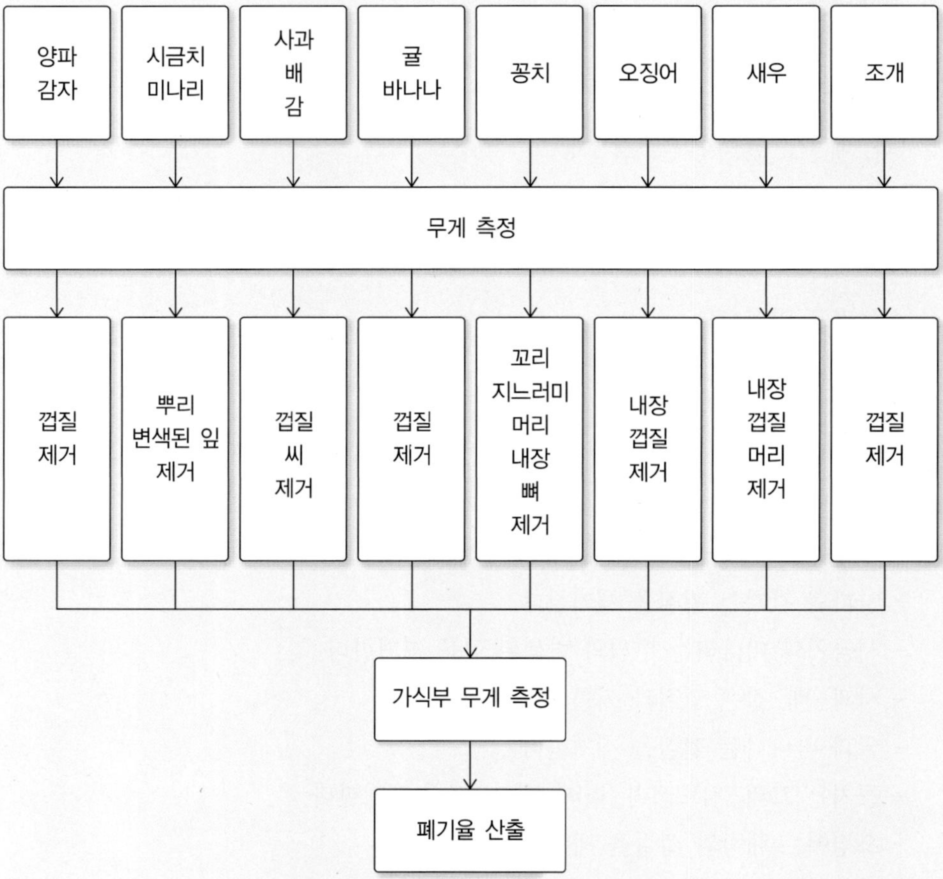

6. 실험결과

식품	분량	전체 무게(g)	가식부 무게(g)	폐기율(%)
양파	1개			
감자	1개			
시금치	1/3단			
미나리	1/3단			
사과	1개			
배	1개			
감	1개			
귤	1개			
바나나	1개			
꽁치	1마리			
오징어	1마리			
새우(대하)	1마리			
조개(바지락)	1개			

7. 고찰

실험 4 · 식품의 흡수율 실험

1. 실험목적

곡류, 두류 및 건조식품의 침수시간에 따른 수분 흡수율을 측정하여 각 식품별 적정한 침수시간을 파악한다.

2. 실험재료

멥쌀, 찹쌀, 현미, 대두, 팥 각 120g
미역, 다시마, 목이버섯, 표고버섯, 건고사리, 무말랭이 각 30g
물 3.6L

3. 실험기구 및 기기

메스실린더, 비커, 피펫, 저울, 타이머, 체, 키친타월, 조리기구

4. 실험방법

❶ 멥쌀, 찹쌀, 현미, 대두, 팥은 각 120g(20g×6개)씩 측정하고 미역, 다시마, 목이버섯, 표고버섯, 건고사리, 무말랭이는 각 30g(5g×6개)씩 측정한 후 각 비커에 담는다.

❷ 곡류와 두류가 담긴 각 비커에 물 200mL를 넣고, 건조식품이 담긴 각 비커에는 물 400mL를 넣는다.

❸ 모든 시료는 10분 간격으로 60분이 될 때까지 시료를 꺼내 체에 밭친 후 키친타월로 표면수를 제거하고 무게를 측정한다.

❹ 흡수율은 다음과 같은 방법으로 계산한다.

$$\text{흡수율(\%)} = \frac{\text{침수 후 무게(g)} - \text{침수 전 무게(g)}}{\text{침수 전 무게(g)}} \times 100$$

❺ 각 식품의 흡수율을 y축, 침수시간을 x축으로 하여 흡수곡선을 그린다.

5. Flow Chart

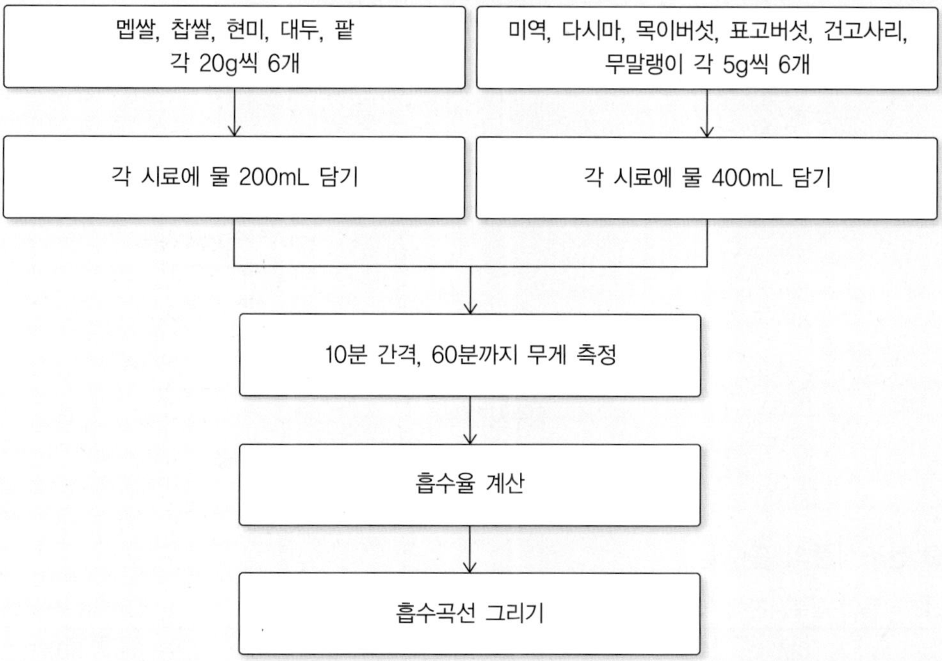

6. 실험결과

❶ 곡류와 두류의 흡수율

곡류와 두류의 침수시간에 따른 무게와 흡수율의 변화

무게(g), 흡수율(%)

시료	0분	10분		20분		30분		40분		50분		60분	
	무게	무게	흡수율	무게	흡수율	무게	흡수율	무게	흡수율	무게	흡수율	무게	흡수율
멥쌀													
찹쌀													
현미													
대두													
팥													

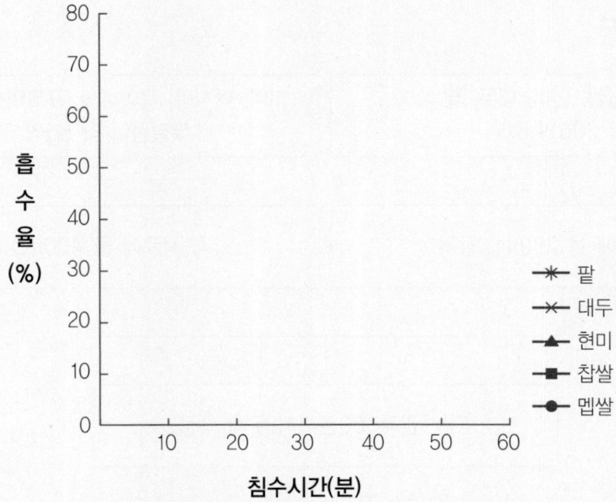

[그림 1-6] 곡류와 두류의 침수시간에 따른 흡수율

❷ 건조식품의 흡수율

건조식품의 침수시간에 따른 무게와 흡수율의 변화

무게(g), 흡수율(%)

시료	0분	10분		20분		30분		40분		50분		60분	
	무게	무게	흡수율	무게	흡수율	무게	흡수율	무게	흡수율	무게	흡수율	무게	흡수율
미역													
다시마													
목이버섯													
표고버섯													
건고사리													
무말랭이													

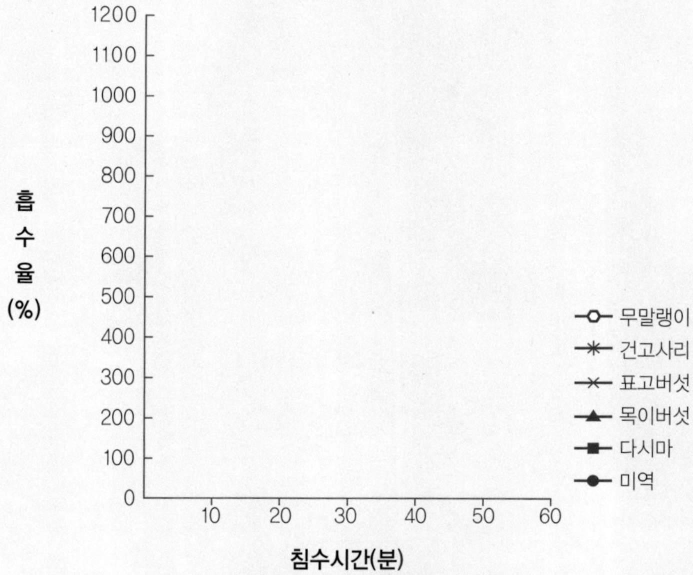

[그림 1-7] **건조식품의 침수시간에 따른 흡수율**

7. 고찰

CHAPTER

02

관능검사

사람이 식품의 특성 및 품질을 판단하는 데에는 합리적이고, 효율적인 방법이 필요하다. 식품의 품질 및 기호도를 평가하는 방법으로는 주관적 평가방법(관능검사)과 객관적 평가방법(기기적 평가)이 있다.

1. 관능검사

관능검사는 사람의 시각, 후각, 미각, 촉각, 청각 등의 감각으로 음식이나 재료의 특성을 분석 평가하는 것으로 제품의 개발과 연구, 음식의 품질 향상, 저장성 향상 등의 연구에 이용된다. 기기를 이용하여 여러 특성을 분석할 수 있으나 최종적으로는 사람의 감각기관을 이용하여 맛을 보고 평가하게 된다. 식품의 관능적 요소는 색과 광택(시각), 냄새(후각), 맛(미각), 손으로 만질 때의 느낌(촉감 · 감촉), 입안에서의 촉감과 씹을 때 나는 소리와 느낌 등이다.

관능검사는 미리 계획된 조건하에서 식품의 맛, 향, 질감, 온도감, 통감 등을 여러 사람의 감각을 활용하여 평가하는 것이다. 관능검사는 과학적인 방법으로 실시해야 하고 결과는 재현성이 있어야 하며, 통계학적으로 분석하여 신뢰성 있는 결론을 내려야 한다.

(1) 관능검사의 환경

독립적으로 평가할 수 있도록 칸막이가 설치된 검사실이 필요하다. 관능검사는 소음, 실온, 습도, 냄새, 조명 등과 같은 요인에 의하여 영향을 받기 쉽다. 검사실의 벽은 흰색, 베이지색, 회색 등의 중간색이 칠해진 것이 좋고, 환기가 잘 되어 나쁜 냄새가 없고, 광선이 골고루 비치고 편안한 정도의 조명이 좋다. 실내 온도는 20~23℃, 습도는 45~55%로 유지한다.

(2) 패널요원의 선정과 훈련

관능검사를 할 수 있는 능력을 가진 사람을 평가원 또는 패널요원(panelists)이라 하고 패널요원의 집단을 패널(panel)이라 한다.

패널요원을 선택하는 방법은 관능검사의 종류와 환경조건 등에 따라 다르다. 패널요원을 선택할 때는 평가의 전 기간을 통하여 참여할 수 있는지, 평가에 대한 의욕이 있는지, 평가식품이 싫어하는 것인지 아닌지 등 여러 가지 면에서 고려되어야 한다. 그 문제에 관심을 갖고 항상 참석 가능한 사람이어야 하고, 건강하고 감기에 걸리지 않은 사람, 식품 알레르기나 민감성이 없는 사람이어야 한다.

패널요원을 훈련시킬 때는 시료식품에 익숙하게 하고 그 식품에 대한 전문 지식을 가질 수 있도록 해야 한다. 더불어 기호성의 요소가 되는 맛, 냄새, 색, 텍스처(texture) 등에 관한 기본 지식을 알고 있어야 하며, 관능검사 요령과 평가방법을 충분히 이해시켜야 한다.

(3) 관능평가 준비 및 실시

패널요원에게 제공되는 검사물은 같은 종류의 용기에 담아야 하고 검사물의 크기도 동일해야 하며 검사물의 종류에 따라 적합한 온도에서 제공되어야 한다. 따라서 뜨겁거나 차가운 상태로 평가해야 하는 식품은 검사 전까지 온도를 유지할 수 있는 방법이 필요하다. 또한 검사물에 붙이는 기호나 번호는 난수표에서 세 자리 숫자를 선택하여 사용하도록 한다.

패널요원에게 한 번에 제공되는 검사물의 수는 감각적인 둔화나 정신적인 둔화현상을 일으키지 않는 범위 내에서 정하도록 해야 하며 검사물 중간에는 무색, 무미, 무취인 20℃ 정도의 물을 제공해주어 입가심하도록 해야 한다.

(4) 검사방법

관능검사방법으로는 기호도 검사(preference test), 차이식별검사(difference 또는 discrimination testing), 묘사분석(descriptive test) 등이 있다. 기호도 검사는 소비자 검사라고도 하며 개발된 제품을 시판하기 전에 소비자를 대상으로 그들의 반응을 조사하는 것이다. 차이식별검사는 각 검사물 간의 차이를 측정하는 방법이고, 묘사분석은 검사물에서 감지되는 관능적 특성을 기술한 후 주어진 척도를 사용하여 강도를 측정하는 방법이다.

1) 기호도 검사

소비자가 제품을 얼마나 좋아하는지를 측정하고자 할 때 사용하는 방법이다. 새로운 식품에 대해 소비자의 기호를 알기 위해 사용하며, 식품회사에서 새로운 제품을 시판하기 전에 훈련되지 않은 많은 수의 사람을 대상으로 그들의 의견을 묻는 방법 중의 하나이다.

❶ 이점비교검사(paired comparison test)

이 방법은 2개의 검사물 중 하나를 선택하게 하는 방법이다. 검사 시 검사물은 두 개를 동시에 제시하여 더 좋아하는 것을 지적하게 한다.

이름 ________ 날짜 ________
제시된 두 시료의 맛을 평가하고 맛이 더 좋다고 생각하는 시료의 번호 아래에 ○표를 하여 주십시오.
513 324
____ ____

❷ 순위법(ranking test)

3~6개의 검사물을 무작위로 제시하여 좋아하는 순서대로 1, 2, 3, … 의 숫자를 기입하게 하는 방법이다. 패널요원들은 좋아하는 정도에 따라 순위를 정하게 되는데 사실상 이 방법은 이점비교의 연장이라고 볼 수 있다. 이점비교와 마찬가지로 순위법에서 얻어진 결과는 검사물 간의 비교에 의하여 얻어진 것이다.

이름 ________ 날짜 ________
앞에 제시된 시료에 대하여 왼쪽에서부터 맛을 평가하고 좋아하는 순서대로 순위를 정하여 주십시오.
243 423 547 723
____ ____ ____ ____

2) 차이식별검사

❶ 종합적 차이검사

가. 단순차이검사(simple difference test)

두 시료 간에 차이가 있는지를 결정하는 방법으로 패널요원에게 두 시료를 제시하고 두 시료가 동일한지 다른지 묻는다. 향미가 강하게 오래 남을 때, 자극의 종류가 복잡해서 패널요원을 혼동시킬 가능성이 있을 때 사용된다.

이름 ______ 날짜 ______

제시된 두 시료의 맛을 보고 두 개의 시료가 같은지 다른지 평가하여 해당란에 ○표를 하여 주십시오.

______ 두 개의 시료가 같다. ______ 두 개의 시료가 다르다.

나. 일-이점검사(duo-trio test)

패널에게 기준 시료를 제시하고 뒤이어 두 시료를 제시하여 어느 것이 기준 시료와 같은지 가려내도록 하는 방법으로 우연히 정답을 얻을 수 있는 확률은 50%이다. 이 방법은 기준 시료를 제시하기 때문에 단순차이검사에 비해 무엇이 차이를 나타내는지에 대한 혼돈은 피할 수 있으나 세 가지 시료를 맛봐야 한다는 단점이 있다.

이름 ______ 날짜 ______

먼저 R로 시작된 시료를 맛본 후 나머지 두 시료 중 어느 것이 R과 같은지 선택하여 해당란에 ○표를 하여 주십시오.

R 321 548

______ ______

다. 삼점검사(triangle test)

삼점검사는 시료 간에 전체적인 차이가 있는지의 여부를 조사하기 위하여 사용되며 종합적 차이검사 중에서 가장 널리 쓰인다. 동일한 두 시료와 서로 다른 한 시료를 동시에 패널요원에게 제시하여 시료를 맛보고 서로 다른 시료를 선택하도록 지시한다. 이 방법이 일-이점검사나 단순차이검사보다 통계적으로 더욱 효율적이지만 관능적 피로 또는 적응 등의 문제가 있는 제품이나 훈련되지 않은 패널요원을 대상으로 사용할 때는 주의가 필요하다.

이름 ______ 날짜 ______

번호가 적힌 세 개의 시료 중 두 개는 같고 나머지 하나는 다릅니다. 다른 것을 골라 해당란에 ○표를 하여 주십시오.

769 634 590

______ ______ ______

❷ 특성차이검사

가. 이점비교검사(paired comparison test)

두 시료 간에 어떤 특정한 관능적 성질의 차이를 조사하기 위하여 사용되는 방법이다. 패널요원에게 두 시료를 제시하고 맛, 색상, 텍스처 등의 주어진 특성에 대하여 어떤 시료의 강도가 더 큰지 선택하도록 지시한다. 이때는 한 검사에서 두 가지 이상의 특성을 평가하지 말아야 한다.

> 이름 ______________ 날짜 ______________
>
> 제시된 두 시료의 단맛을 평가하고 단맛이 더 강하다고 생각되는 시료의 번호 아래에 ○표를 하여 주십시오.
>
> 375   417
>
> ____   ____

나. 순위법(ranking test)

순위법은 패널요원에게 3개 이상의 시료를 제시하고 주어진 특성에 대하여 순위를 정하게 하는 방법이다. 사용 절차가 간단하고 한 번에 많은 시료를 평가할 수 있어 시간을 절약할 수 있는 장점이 있으나 시료 간의 차이 정도를 알 수 없는 단점이 있다.

> 이름 ______________ 날짜 ______________
>
> 앞에 제시된 시료의 색을 평가하고 색이 진한 순서대로 번호를 나열하여 주십시오.
>
> 421   832   524   169
>
> ____   ____   ____   ____
>
> 제일 진함   제일 연함

다. 평점법(scoring test)

평점법은 시료의 관능적 특성이 어떻게 다른지 조사하고자 할 때 여러 척도로 나누어 평가하는 방법으로 기호도를 조사하거나 관능적 품질 특성의 강도 차이를 알고자 할 때 사용되는 방법이다. 일반적으로 5점, 7점, 9점 척도가 사용된다. 예를 들어 시료의 전반적인 만족도를 조사하고자 할 때에 5점 척도를 이용한다면 1점은 '매우 만족하지 않는다',

2점은 '만족하지 않는다', 3점은 '보통이다', 4점은 '만족한다', 5점은 '매우 만족한다'로 나누어 평가하게 한다.

> 이름 ____________ 날짜 ____________
>
> 앞에 제시된 시료에 대하여 신맛의 강도를 평가하려 합니다. 각 시료의 신맛 정도를 다음의 척도를 사용하여 수치로 평가하여 주십시오.
>
> 243 423 547 723
>
> ____ ____ ____ ____
>
> 1 2 3 4 5 6 7 8 9
>
> 매우 약하다 약하다 보통이다 강하다 매우 강하다

라. 다시료 비교검사(multiple comparisons test)

어떤 시료의 특정 성질이 표준시료와 다른지 조사하기 위하여 사용한다. 패널요원에게 기준 시료와 여러 개의 시료를 제시하고 특정 성질에 대해 표준과 비교하여 그 강도를 주어진 척도 위에 나타내도록 지시한다. 단시간에 많은 음식을 검토할 수 있는 장점이 있다.

> 이름 ____________ 날짜 ____________
>
> R은 기준시료로서 제시된 시료와 단맛을 비교하여 그 차이가 어느 정도인지 O표를 하여 주십시오.

R	299	738	417	915
차이가 없다	____	____	____	____
차이가 약간 있다	____	____	____	____
차이가 보통이다	____	____	____	____
차이가 많다	____	____	____	____
차이가 대단하다	____	____	____	____

3) 묘사분석

제품에 대한 관능적 특성을 느끼는 순서대로 서술하는 과정이다. 시각 · 청각 · 미각 · 후각 · 촉각 · 근육을 통하여 감지되는 모든 질적 · 양적 · 관능적 묘사를 찾아내고 서술하는 것을 말한다.

패널요원은 검사 전에 훈련이 필요하다. 제품의 관능적 특성을 묘사할 수 있는 용어를 선정하여 이해하고 표현할 수 있도록 훈련되어야 한다.

묘사분석은 관능검사 중 가장 복잡한 방법으로 물리·화학적 평가의 보완, 다른 관능검사의 보완, 연구방향의 제시, 식품의 질 조절 등에 이용된다.

4) 결과분석

검사를 통해 수집된 데이터는 적합한 통계방법으로 분석될 수 있다. 카이스퀘어(chi-square), 분산분석(ANOVA), t-test 등이 많이 이용된다. 관능검사와 기기적 검사 사이의 상관관계를 분석하기도 한다.

2. 객관적 평가

객관적 평가(objective evaluation)는 기기를 이용하여 이루어지므로 기기적 검사라고도 한다. 관능검사는 사람에 의존하는 검사이기 때문에 때때로 변수가 나타날 수 있으나 객관적 평가는 기기를 이용하여 이루어지므로 신뢰성 높은 자료를 얻을 수 있다. 주관적으로 얻어진 자료를 보강할 수 있고, 객관적 평가와 관능평가를 통합시키는 자료로 사용할 수 있다.

(1) 영양소 분석

식품을 조리하기 전후에 영양소 함량을 분석한다. 이 분석을 수행하기 위하여 공인된 방법은 AOAC의 간행물에 제시되어 있다.

(2) pH 측정

pH 측정은 산·알칼리도의 측정에 필수적이다. pH 시험지[그림 2-1]나 pH 측정기[그림 2-2]를 이용하여 수소이온 농도를 측정한다. pH 시험지에 검사액을 담갔을 때의 변색도를 표준변색표와 비교하여 pH를 판정한다. pH 측정기는 전기적으로 pH를 측정하는 기계로서 측정액에 전극을 담그면 용액 중의 수소이온의 농도에 따라 전위가 생기므로 이 전위차를 측정하여 측정액의 pH를 알아볼 수 있다.

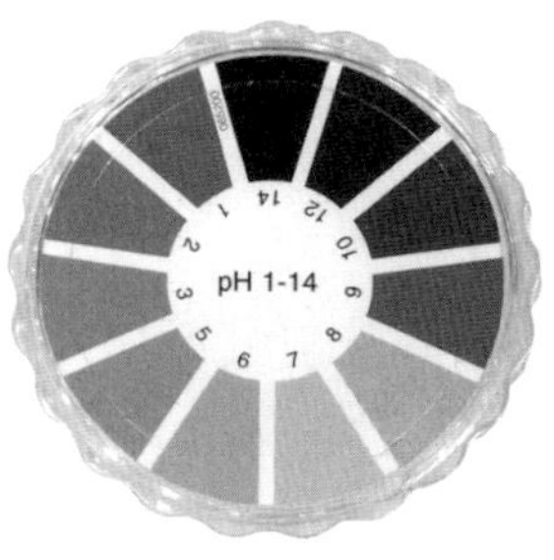

[그림 2-1] **pH 시험지**

[그림 2-2] **pH 측정기**

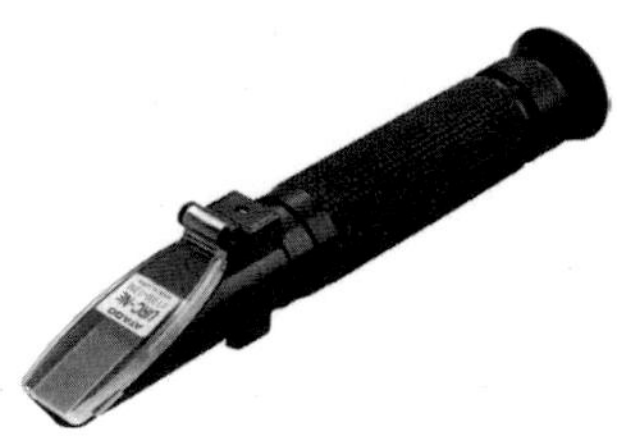

[그림 2-3] **굴절당도계**

(3) 당도

당도를 측정하기 위하여 굴절당도계(refractometer, [그림 2-3])가 이용된다. 빛은 당용액을 통과할 때 굴절되는데 브릭스 비중계(brix scale)로 당의 농도 %를 표시한다. 굴절계는 당도의 범위에 따라 0~32%(1호), 28~66%(2호), 50~85%(3호) 등으로 구분되어 있으므로 당도에 알맞은 것을 선택한다. 당도계의 덮개판을 열고 받침대 유리 위에 시료를 2~3방울 떨어뜨린 후 덮개를 덮고 밝은 쪽을 향하여 접안렌즈를 들여다본다. 경계선이 명확히 나타날 때까지 초점을 맞춘다. 경계선의 수치가 설탕 농도의 중량 %이다.

(4) 굴절률

일반적으로 액체에 광선이 입사되면 굴절되는데, 굴절률을 측정함으로써 그 물질의 순도나 농도 등을 알 수 있다. 굴절계는 여러 종류가 있으나 보통 아베굴절계를 많이 사용한다. 원리는 휴대용 굴절당도계와 같으나 정밀도가 높다.

(5) 염도

식염 농도계로 식염수 용액 또는 염분을 함유한 식품 속의 Na이온의 농도에 선택적으로 응답하는 유리전극을 넣음으로써 간단하게 식염 농도를 측정할 수 있다.

(6) 향미

식품 또는 음식의 향미 성분인 수많은 휘발성과 비휘발성 물질을 측정한다. GLC(gas-liquid chromatography)나 HPLC(high-pressure liquid chromatography)를 이용하여 분리하고 GC-MS(mass spectrometer)로 분리물을 동정한다.

(7) 부피

부피는 종자치환법을 이용하여 측정하며 종실은 유채씨가 많이 사용된다. 종자치환법은 부피계(volumeter, **[그림 2-4]**)를 이용하면 편리하나 이 기기가 없을 때는 일정한 크기의 네모진 그릇을 이용한다. 즉, 일정한 크기의 그릇에 유채씨를 가득히 담아 윗면이 수평이 되도록 깎는다. 그 후 그릇 속의 유채씨를 덜어 낸 뒤 측정하고자 하는 시료를 넣고 그 위에 덜어 낸 유채씨를 다시 가득 채우고 윗면이 수평이 되도록 깎는다. 이때 남은 유채씨를 메스실린더에 넣고 눈금을 읽어 측정하면 된다. 시료에 유채씨가 묻지 않도록 얇은 랩으로 싸거나, 밀가루를 바른다.

(8) 색

색의 측정을 위한 색도계는 눈의 망막 구조를 모방한 구조에서 반사 혹은 투과 광선의 강도를 측정하여 측정한 색을 숫자로 표시하여 시료 간의 색의 차를 측정하는 기계이다. CIE 표준색차계, 먼셀(Munsell) 색차계, 헌터(Hunter) 색차계**[그림 2-5]** 등이 있다.

(9) 흡광도

분광광도계(spectrophotometer, **[그림 2-6]**)를 이용한다. 분광광도계는 식품분석에서 물질의 확인 및 정량에 사용되어 온 비색분석을 응용하여 기기에 의한 방사에너지의 흡수를 측정하도록 한 것이다.

[그림 2-4] **부피계**

[그림 2-5] **헌터 색차계**

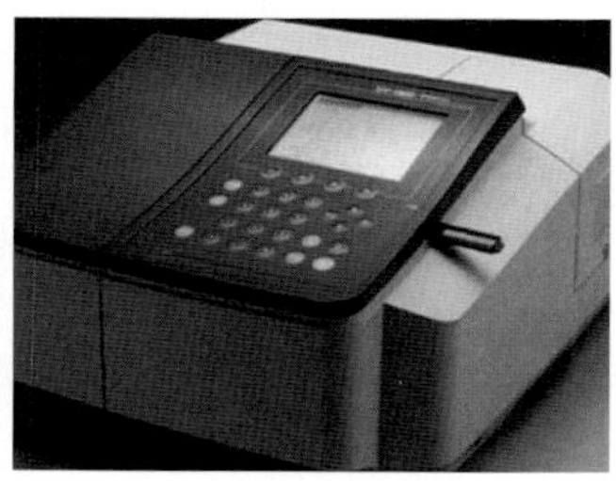

[그림 2-6] **분광광도계**

실험 1 · 5대 기본 맛의 인지도 실험

1. 실험목적

관능검사요원에 대한 기초 실험으로 단맛, 신맛, 짠맛, 떫은맛, 감칠맛의 5대 기본 맛을 구분할 수 있는지 알아본다.

2. 실험재료

설탕, 레몬즙, 소금, 바나나껍질, 건표고버섯 각 5g
물 6L

3. 실험기구 및 기기

메스실린더, 비커, 피펫, 저울, 타이머, 종이컵, 티스푼, 조리기구

4. 실험방법

❶ 6가지 시료는 다음과 같은 방법으로 만든다.
A : 물 1L
B : 물 1L에 설탕 5g을 녹인다.
C : 물 1L에 레몬즙 5g을 넣는다.
D : 물 1L에 소금 5g을 녹인다.
E : 물 1L에 바나나껍질 5g을 우려낸 후 5분간 가열한다.
F : 물 1L에 건표고버섯 5g을 우려낸 후 5분간 가열한다.

❷ 비커에 시료번호를 표시한다. 이때 시료번호는 난수표를 이용하여 무작위로 선정한다.

❸ 각 비커에 ❶의 시료용액을 100mL씩 나누어 담는다.

❹ 눈을 감고 준비한 시료를 티스푼으로 맛을 보고 물로 입을 헹군 후 다음 시료의 맛을 본다.

❺ 관능검사요원들은 개별 관능검사지에 느낀 맛을 적는다.

❻ 정답을 확인한 후 맞았는지 틀렸는지를 표시한다.

❼ 조장이 조별 관능검사지에 관능검사요원들의 결과를 모아서 가장 많이 틀린 맛을 찾아낸다.

5. Flow Chart

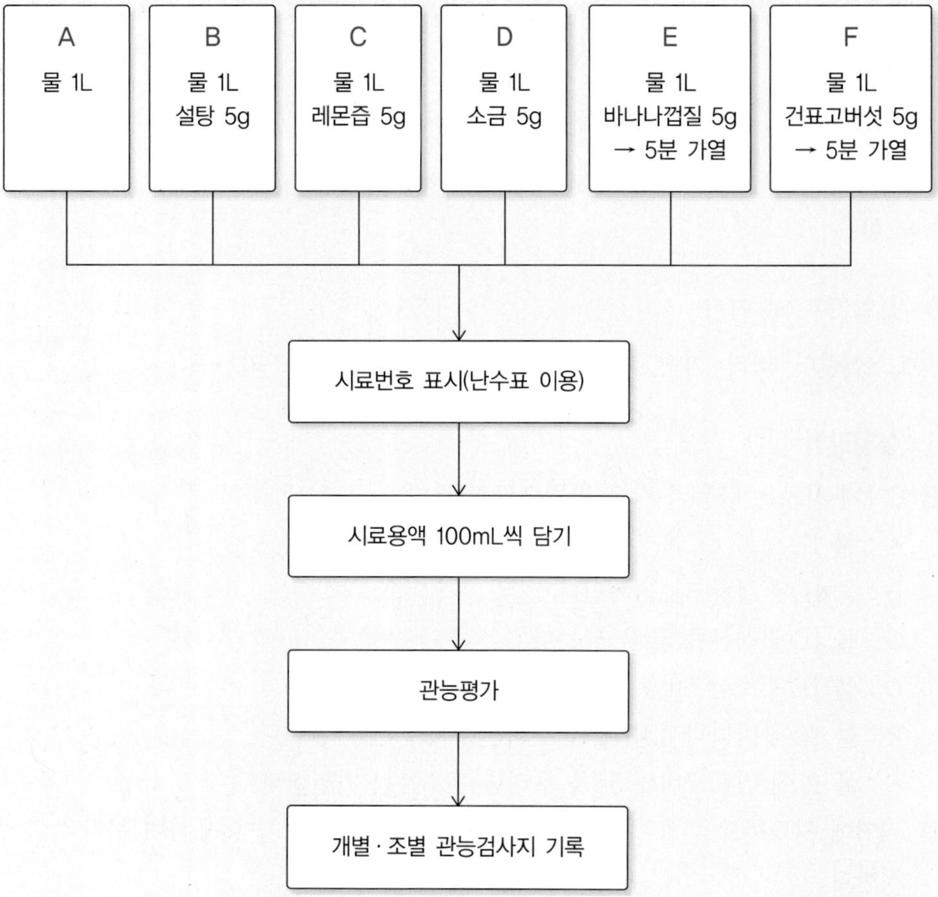

6. 실험결과

❶ 개별 관능검사지

이름 : 관능검사요원 번호 :

시료	무미	단맛	신맛	짠맛	떫은맛	감칠맛	모름	정답[1]	오답[2]
A									
B									
C									
D									
E									
F									

1) ○로 표시
2) ×로 표시

❷ 조별 관능검사지

관능검사요원 번호	시료번호					
	A	B	C	D	E	F
1						
2						
3						
4						
5						
6						
계[1]						

1) 정답자의 수를 더함

7. 고찰

실험 2 · 삼점검사법(triangle test)

1. 실험목적

세 가지 시료 중 두 가지는 동일하고 한 가지는 다른 시료를 제시하여 세 가지 중 다른 시료 하나를 찾을 수 있는지 알아보는 실험으로 비교적 민감한 실험이다.

2. 실험재료

우유(일반 우유 400mL, 저지방 우유 200mL)
콜라(일반 콜라 400mL, 다이어트 콜라 200mL)

3. 실험기구 및 기기

비커, 종이컵, 티스푼, 알루미늄 호일

4. 실험방법

❶ 비커에 시료번호를 표시한다. 이때 시료번호는 난수표를 이용하여 무작위로 선정한다.
❷ 비커 하나에는 저지방 우유, 두 개는 일반 우유를 넣어 준비한다. 이때 제시자는 내용물을 알고 있어야 하고 관능검사자는 모르게 해야 한다.
❸ 각각의 관능검사요원에게 세 가지의 시료 중 두 가지는 같고 하나는 다른 것임을 알려 준다. 맛을 하나씩 보고 물로 입을 헹군 후 다시 맛을 보게 한 다음 다른 하나를 찾아내게 한다.
❹ 시료번호를 바꾼 후 동일한 실험을 한 번 더 실시한다.
❺ 관능검사요원이 차이를 느끼는 한 가지 시료를 관능검사지에 표시하고 정답을 확인한 후 맞았는지 틀렸는지를 표시한다.
❻ 조원의 결과를 모아 조별 삼점검사 결과집계표를 작성한 후 삼점검사법의 통계적 유의도를 보고 통계처리한다.
❼ 콜라에 대한 삼점검사법도 위와 동일한 방법으로 실시한다.

5. Flow Chart

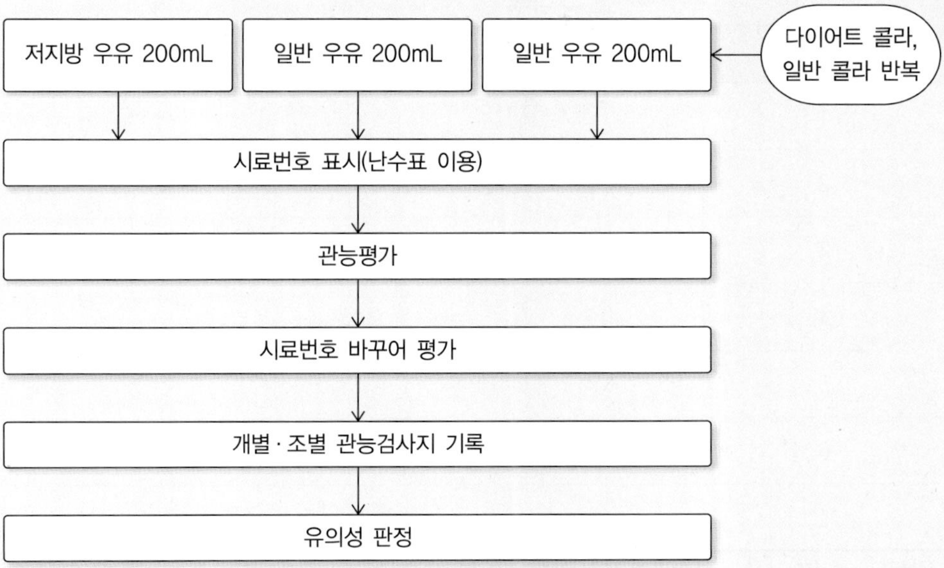

6. 실험결과

❶ 관능검사지

이름 : 관능검사요원 번호 :

시료	실험 횟수	시료번호[1]	정답[2]	오답[3]
우유	1회			
	2회			
콜라	1회			
	2회			

1) 세 시료 중 다른 시료의 번호
2) ○로 표시
3) ×로 표시

❷ 조별 삼점검사 결과집계표

관능검사요원 번호	우유		콜라	
	1회	2회	1회	2회
1				
2				
3				
4				
5				
6				
계[1]				

1) 정답자의 수를 더함

❸ 삼점검사법의 통계적 유의도(p=1/3)

관능검사 횟수	유의차를 나타내기 위한 최소한의 정답자 수		
	유의수준		
	α = 0.05	α = 0.01	α = 0.001
6	5	6	–
7	5	6	7
8	6	7	8
9	6	7	8
10	7	8	9
11	7	8	9

12	8	9	10
13	8	9	11
14	9	10	11
15	9	10	12
16	9	11	12
17	10	11	13
18	10	12	13
19	11	12	14
20	11	13	14

※ 유의성 판정 : 삼점검사법의 통계적 유의도에서 '관능검사요원의 수×2회 한 수'를 관능검사 횟수로 보고, 정답의 합계가 오른쪽의 수보다 크면 α = ______ 수준에서 유의적으로 차이가 있다고 판정

7. 고찰

실험 3 · 두부의 품질특성 비교

1. 실험목적

국산콩 두부와 수입콩 두부의 품질을 비교하여 묘사법으로 평가할 수 있다.

2. 실험재료

국산콩 두부, 수입콩 두부 각 1/2개

3. 실험기구 및 기기

종이컵, 티스푼, 그릇

4. 실험방법

❶ 그릇에 시료번호를 표시한다. 이때 시료번호는 난수표를 이용하여 무작위로 선정한다.

❷ 시료는 적당한 크기로 잘라 각각의 그릇에 담는다. 이때 제시자는 시료번호와 내용물을 알고 있어야 하고 관능검사요원은 모르도록 한다.

❸ 관능검사요원은 하나의 시료를 평가하고 물로 입을 헹군 다음 다른 시료를 평가한다.

❹ 관능검사요원은 관능검사지에 시료의 외관, 맛, 질감을 묘사법으로 평가한다.

❺ 관능검사 종료 후 각 시료가 무슨 두부인지를 알려준다.

5. Flow Chart

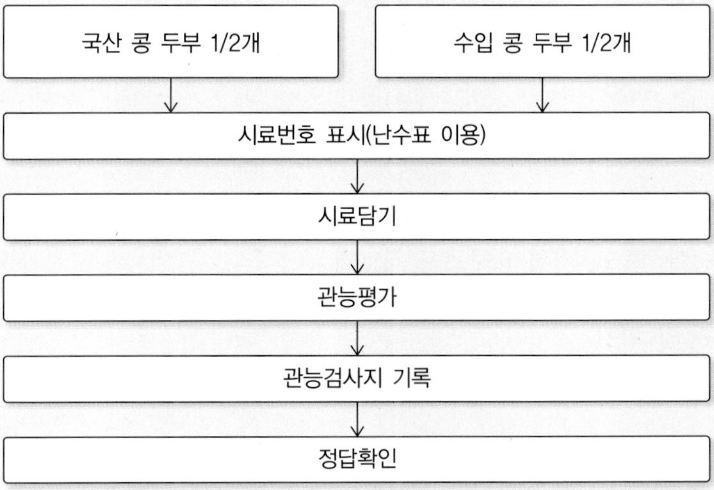

6. 실험결과

❶ 관능검사지

이름 : 관능검사요원 번호 :

시료번호	외관[1]	맛[2]	질감[3]

1) 썰은 단면 비교
2), 3) 묘사법

7. 고찰

실험 4 · 4가지 요구르트의 ranking test

1. 실험목적

4가지 요구르트에 대한 기호도를 ranking test로 평가할 수 있다.

2. 실험재료

딸기, 복숭아, 포도, 키위 요구르트 각 1개

3. 실험기구 및 기기

종이컵, 티스푼, 그릇

4. 실험방법

❶ 각 그릇에 시료번호를 표시한다. 이때 시료번호는 난수표를 이용하여 무작위로 선정한다.

❷ 각 그릇에 시료를 담는다. 이때 제시자는 시료번호와 내용물을 알고 있어야 하고 관능검사요원은 모르도록 한다.

❸ 관능검사요원은 하나의 시료를 평가하고 물로 입을 헹군 다음 다른 시료를 평가한다.

❹ 관능검사요원은 개별 관능검사지에 각 시료의 기호도를 평가하여 가장 좋은 것부터 순위를 매긴다.

❺ 관능검사 종료 후 각 시료가 무슨 요구르트인지 알려준다.

❻ 조원의 결과를 모아 조별 관능검사 결과집계표를 작성한다.

❼ Kramer 검정표를 이용하여 4가지 요구르트에 대한 기호도의 차이를 알아본다.

5. Flow Chart

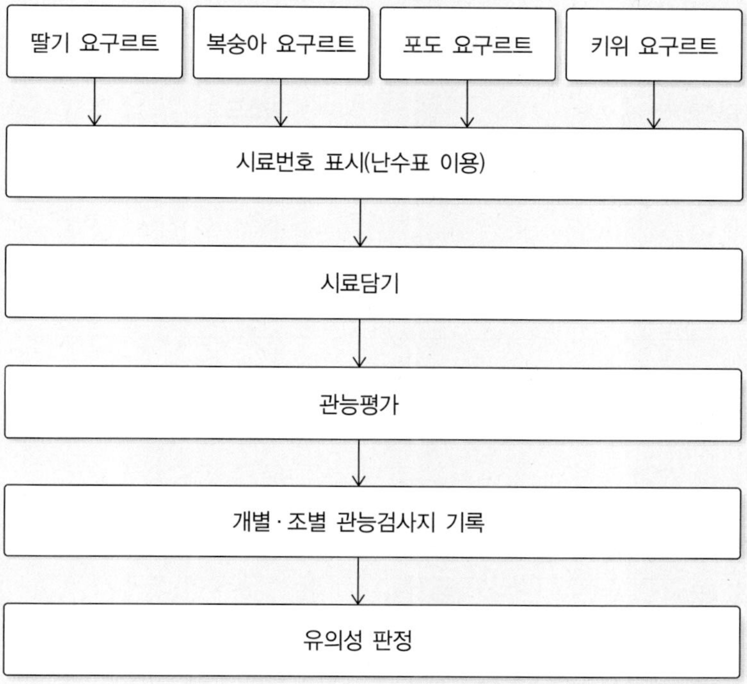
딸기 요구르트
복숭아 요구르트
포도 요구르트
키위 요구르트
시료번호 표시(난수표 이용)
시료담기
관능평가
개별 · 조별 관능검사지 기록
유의성 판정

6. 실험결과

❶ 개별 관능검사지

이름 :　　　　　　관능검사요원 번호 :

시료번호	기호도[1]

1) 순위척도법(좋은 것부터)

❷ 조별 관능검사 결과집계표

관능검사 요원번호	시료번호			
1				
2				
3				
4				
5				
6				
순위합계				

❸ Kramer 검정표

(위험율 : 5%)

반복수(k)	시료수(n)										
	2	3	4	5	6	7	8	9	10	11	12
3				4-14	4-17	4-20	4-23	5-25	5-28	5-31	5-34
4		5-11	5-15	6-18	6-22	7-25	7-29	8-32	8-36	8-39	9-48
5		6-14	7-18	8-22	9-26	9-31	10-35	11-39	12-43	12-48	13-53
6	7-11	8-16	9-21	10-26	11-31	12-36	13-41	14-46	15-51	17-55	18-60
7	8-13	10-18	11-24	12-30	14-35	15-41	17-46	18-52	19-58	21-63	22-67
8	9-15	11-21	13-27	15-33	17-39	18-46	20-52	22-58	24-64	23-71	27-77
9	11-16	13-23	15-30	17-37	19-44	22-50	24-57	26-64	28-71	30-78	32-85
10	12-18	15-25	17-33	20-40	22-48	25-55	27-63	30-70	32-78	35-85	37-93
11	13-20	16-28	19-36	22-44	25-52	28-60	31-68	34-76	36-85	39-93	42-101
12	15-21	18-30	21-39	25-47	28-56	31-65	34-74	38-82	41-91	44-100	47-109
13	16-23	20-32	24-41	27-51	31-60	35-69	38-79	42-88	45-94	49-107	52-117
14	17-25	22-34	26-44	30-54	34-64	38-74	42-88	46-94	50-104	54-114	57-125
15	19-26	23-37	28-47	32-58	37-68	41-79	46-89	50-100	54-111	58-122	63-132
16	20-28	25-39	30-50	35-61	40-72	45-83	49-95	54-106	59-117	63-129	68-140
17	22-29	27-41	32-53	38-64	43-76	48-88	53-100	58-112	63-124	68-136	73-148
18	23-31	29-43	34-56	40-68	46-80	52-92	57-105	61-117	66-130	73-143	79-155
19	24-33	30-46	37-58	43-71	49-84	55-97	61-110	67-123	73-136	78-150	84-163
20	26-34	32-48	39-61	45-75	52-88	58-102	65-115	71-129	77-143	83-157	90-170

(위험율 : 1%)

반복수(k)	시료수(n)										
	2	3	4	5	6	7	8	9	10	11	12
3									4-29	4-32	4-35
4				5-19	5-23	6-50	6-34	6-38	6-38	6-42	7-45
5			6-19	7-23	7-28	8-32	8-37	9-41	9-46	10-50	10-55
6		7-17	8-22	9-27	9-33	10-38	11-43	12-48	13-53	13-59	14-64
7		8-18	10-25	11-31	12-37	13-43	11-49	15-55	16-61	17-67	18-73
8	9-15	10-22	11-29	13-35	14-42	16-48	17-55	19-61	23-68	21-75	23-81
9	10-17	12-24	13-32	15-39	17-46	19-53	21-60	22-68	24-75	26-82	27-90
10	11-19	13-27	15-35	18-42	20-50	22-58	24-66	26-74	28-82	30-90	32-98
11	12-21	15-29	17-38	20-46	22-55	25-63	27-72	30-80	32-89	34-98	37-106
12	14-22	16-32	19-41	22-50	25-59	28-68	31-77	33-87	36-96	39-105	42-114
13	15-24	18-34	21-44	25-53	28-62	31-73	34-83	37-93	40-103	43-113	46-123
14	16-26	20-36	24-46	27-57	31-67	34-78	38-88	41-99	45-109	48-120	51-131
15	18-27	22-38	26-49	30-60	34-71	37-83	41-94	45-105	49-116	53-127	56-139
16	19-29	23-41	28-52	32-64	36-76	41-87	45-96	49-111	53-123	57-135	62-146
17	23-31	25-43	30-55	35-67	39-80	44-92	49-104	53-117	58-129	62-142	67-154
18	22-31	25-45	32-58	37-71	42-84	47-97	52-110	52-123	62-136	67-149	72-162
19	23-34	29-47	34-61	40-74	45-88	50-102	56-115	61-129	67-142	72-156	77-170
20	24-36	30-50	36-64	42-75	48-92	54-102	60-120	65-135	71-149	77-163	82-178

※ 유의성 판정 : n개의 시료를 k인이 판정한 순위의 합계가 Kramer 검정표의 해당수치보다 적은 시료는 유의적으로 좋고, 큰 시료는 유의적으로 좋지 않다고 판정

7. 고찰

표 2-1 난수표

행 \ 열	(1)	(2)	(3)	(4)	(5)	(6)	(7)	(8)	(9)	(10)	(11)	(12)	(13)	(14)
1	10480	15011	01536	02011	81647	91646	69179	14194	02590	36207	20969	99570	91291	90700
2	22368	46573	25595	85393	30995	89198	27982	53402	93965	34095	52666	19174	39615	99505
3	24130	48360	22527	97265	76393	64809	15179	24830	49340	32081	30680	19655	63348	58629
4	42167	93093	06243	61680	07856	16376	39440	53537	71341	57004	00849	74917	97758	16379
5	37570	39975	81837	16656	06121	91782	60468	81305	49884	60672	14110	06927	01263	54613
6	77921	06907	11003	42751	27755	53493	18602	70659	90655	15053	21916	81825	44394	42880
7	99562	72905	56420	69994	98872	31016	71194	18733	44013	48840	03213	21069	10634	12952
8	96301	91977	05463	07972	18876	20922	94595	56869	69014	60045	18425	84903	42508	32307
9	89579	14342	63661	10281	17453	18103	57740	84378	25331	12566	58678	44947	05585	56941
10	86475	36857	53342	53988	53060	59533	38867	62300	03158	17983	16439	11458	18593	64952
11	28918	69578	88231	33276	70997	79936	56865	05859	90103	31595	01547	85590	91610	78188
12	63553	40961	48235	03427	49626	69445	18663	72695	52180	20347	12234	90511	33703	90322
13	09429	93969	52636	92737	88974	33483	36320	17617	30015	08272	84115	27156	30613	74925
14	10365	61129	87529	85689	48237	52267	67689	93394	01511	26353	85104	20235	29975	89868
15	07119	97336	71048	08178	77233	13916	47564	81056	97735	85977	29372	74461	28551	90707
16	51035	12765	51821	51259	77452	16303	60756	92144	49442	53900	70960	63990	75601	40719
17	02368	21382	52404	60248	89368	19885	55322	44819	01183	65255	64835	44919	05944	55157
18	01011	54092	33362	94904	31273	04146	18594	29852	71585	85030	51132	01915	92747	64951
19	52162	53916	46369	58586	23216	14513	83149	98736	23495	64350	94733	17752	35156	35749
20	07056	97628	33787	09998	42698	06691	76988	13602	51851	46104	88916	19509	25625	58104
21	48663	91245	85828	14346	09172	30168	90229	04734	59193	22178	30421	61666	99904	32812
22	54164	58492	22421	74103	47070	25306	76468	26384	58151	06646	21524	15227	96909	44592
23	32639	32363	05597	24200	13363	38005	94342	28728	35806	06912	17012	64161	18296	22851
24	20334	37001	87637	87303	58731	00256	45834	15398	46557	41135	10367	07684	36188	18510
25	02488	33062	28834	07351	19731	92420	60952	61280	50001	67653	32586	86679	50720	94953
26	81525	72295	04839	96423	24878	82651	66566	14778	76797	14780	13300	87074	79666	95725
27	29676	20591	68086	26432	46901	20849	89768	81536	86645	12659	92259	57102	80428	25280
28	00742	57392	39064	64432	84673	40027	32832	61362	98947	96067	64760	64584	96096	98253
29	05366	04213	25669	26422	44407	44048	37937	63904	45766	66134	75470	66520	34693	90449
30	91921	26418	64117	94305	26766	25940	39972	22209	71500	64568	91402	42416	07844	69618
31	00582	04711	87917	77341	42206	35126	74087	99547	81817	42607	43808	76655	62028	76630
32	00725	69884	62797	56170	86324	88072	76222	36086	84637	93161	76038	65855	77919	88006
33	69011	65795	95876	55293	18988	27354	26575	08625	40801	59920	29841	80150	12777	48501
34	25976	57948	29888	88604	67917	48708	18912	82271	65424	69774	33611	54262	85963	03547
35	09763	83473	73577	12908	30883	18317	28290	35797	05998	41688	34952	37888	38917	88050
36	91567	42595	27958	30134	04024	86385	29880	99730	55536	84855	29080	09250	79656	73211
37	17955	56349	90999	49127	20044	59931	06115	20542	18059	02008	73708	83517	36103	42791
38	46503	18584	18845	49618	02304	51038	20655	58727	28168	15475	56942	53389	20562	87338
39	92157	89634	94824	78171	84610	82834	09922	25417	44137	48413	25555	21246	33509	20468
40	14577	62765	35605	81263	39667	47358	56873	56307	61607	49518	89686	20103	77490	18062
41	90427	07523	33362	64270	01638	92477	66969	98420	04880	45585	46565	04102	46330	45709
42	34914	63976	88720	82765	34476	17032	87589	40836	32427	70002	70663	88863	77775	69348
43	70060	28277	39475	46473	23219	53416	94970	25832	69975	94884	19661	72828	00102	66794
44	53976	54914	06990	67245	68350	82948	11398	42878	80287	88267	47363	46636	06541	87809
45	76072	29515	40980	07391	58745	25774	22987	80059	39911	96189	41151	14222	60697	59583
46	90725	52210	83974	29992	65831	38857	50490	83765	55657	14361	31720	57375	56228	41546
47	64364	67412	33339	31926	14883	24413	59744	92351	92473	89286	35931	04110	23726	51900
48	08962	00358	31662	25388	61642	34072	81249	35648	56891	69352	48373	45578	78547	81788
49	95012	68379	93526	70765	10592	04542	76463	54328	02349	17247	28865	14777	62730	92277
50	15664	10493	20492	38391	91132	21999	21999	81652	27195	48223	46751	22923	33261	85653

CHAPTER

03 곡류의 조리

01 곡류의 분류

02 곡류의 구조

03 곡류의 성분

04 쌀의 조리

실험 1 물의 비율을 달리한 죽의 점도 변화

실험 2 조리수의 pH가 밥맛에 미치는 영향

실험 3 전분의 농도 및 종류에 따른 묵의 품질 비교

실험 4 조리방법을 달리한 경단 실험

실험 5 가열방법에 따른 고구마의 관능적 특성

1. 곡류의 분류

곡류는 대부분 화본과(볏과)에 속하며 쌀, 맥류, 잡곡으로 분류된다. 쌀은 형태에 따라 자포니카형(단립종), 자바니카형(중립종), 인디카형(장립종)으로 나뉘며, 아밀로오스와 아밀로펙틴 함량에 따라 멥쌀과 찹쌀로 나뉜다. 맥류에는 보리, 밀, 호밀, 귀리 등이 있으며, 잡곡으로는 조, 피, 기장, 수수, 옥수수, 메밀 등이 있다.

2. 곡류의 구조

곡류의 낟알은 곤충과 외부 환경으로부터 보호하는 왕겨로 둘러싸여 있고 그 내부는 겨, 배아 및 배유 세 부분으로 구성되어 있다. 벼의 왕겨를 벗겨 낸 것을 현미라 하며 현미로부터 겨를 제거하는 과정을 도정이라 한다.

겨는 현미의 가장 바깥에 있는 과피, 종피, 호분층을 말한다. 겨에는 식이섬유와 무기질이 많이 함유되어 있으나 도정과정에서 대부분 제거된다. 배아에는 지질이 많이 함유되어 있고 단백질, 비타민, 무기질이 들어 있으나 도정과정에서 쉽게 제거된다. 배유는 쌀의 91~92% 정도로 우리가 주로 먹는 부분이고 전분형태의 탄수화물이 대부분을 차지하고 있으며 섬유소, 단백질, 비타민, 무기질은 적은 편이다.

3. 곡류의 성분

곡류는 탄수화물 저장형태인 전분이 75% 이상, 단백질이 약 10%, 지질과 무기질이 약 2%를 차지하며, 배아에는 티아민과 리보플라빈 등을 함유하고 있다.

(1) 전분

1) 전분의 구조

전분 입자는 아밀로오스와 아밀로펙틴으로 구성되어 있다. 아밀로오스는 포도당이 일직선으로 결합하여 형성된 것이고, 아밀로펙틴은 아밀로오스와 같이 포도당이 일직선으로 결합되다가 가지가 쳐지는 형상의 분지상 구조를 가지고 있다.

일반적으로 전분 분자 내에서의 아밀로오스와 아밀로펙틴의 함량비는 2 : 8 정도이나 전분의 종류에 따라 다르다. 멥쌀에는 아밀로오스가 20~25%, 아밀로펙틴이 75~80% 정도 들어 있고, 찹쌀에는 아밀로오스가 없고 거의 아밀로펙틴으로 구성되어 있다.

2) 전분 조리 중의 변화

❶ 호화

전분 입자는 수많은 수소결합에 의한 빽빽한 상태의 미셀 구조를 이루고 있다. 이러한 구조를 가진 전분을 생전분 또는 β-전분이라 한다.

불리는 과정에서 수분은 전분의 미셀 구조를 느슨한 상태로 만들어 열전도가 잘 되도록 한다. 물을 넣고 가열하면 열에 의하여 미셀 구조의 수소결합이 끊어지면서 규칙성을 잃고 흐트러지게 된다. 이때 미셀 내부에 생긴 공간 사이로 물 분자가 들어가 활발히 움직이면서 전분이 익게 된다.

즉 생전분에 물을 넣고 가열하면 흡수와 팽윤이 서서히 진행되고 60~65℃ 정도가 되면 전분 입자는 급격히 팽윤하며 온도가 더욱 상승하면 전분용액의 점성과 투명도가 증가하면서 반투명의 콜로이드 상태가 되는 현상을 호화(gelatinization)라 하며 이러한 상태의 전분을 호화전분 또는 α-전분이라 한다.

❷ 노화

α-전분을 실온에 오래 방치하게 되면 차차 굳어져서 β-전분으로 되돌아가는 현상을 전분의 노화(retrogradation)라 한다. 이것은 호화로 인해 불규칙해진 분자배열이 시간이 경과함에 따라 부분적으로 규칙화된 결정체를 만들기 때문이다.

전분의 노화는 수분 함량이 30~60%, 온도가 0~4℃일 때 가장 쉽게 일어난다. 호화된 전분이 노화되면 전분식품의 품질이 저하되므로 노화를 억제할 필요가 있다. 전분의 노화를 방지하는 방법에는 수분 함량을 15% 이하로 낮추거나, 온도를 0℃ 이하로 낮추어 식품 내 수분을 동결시키는 방법 등이 있다.

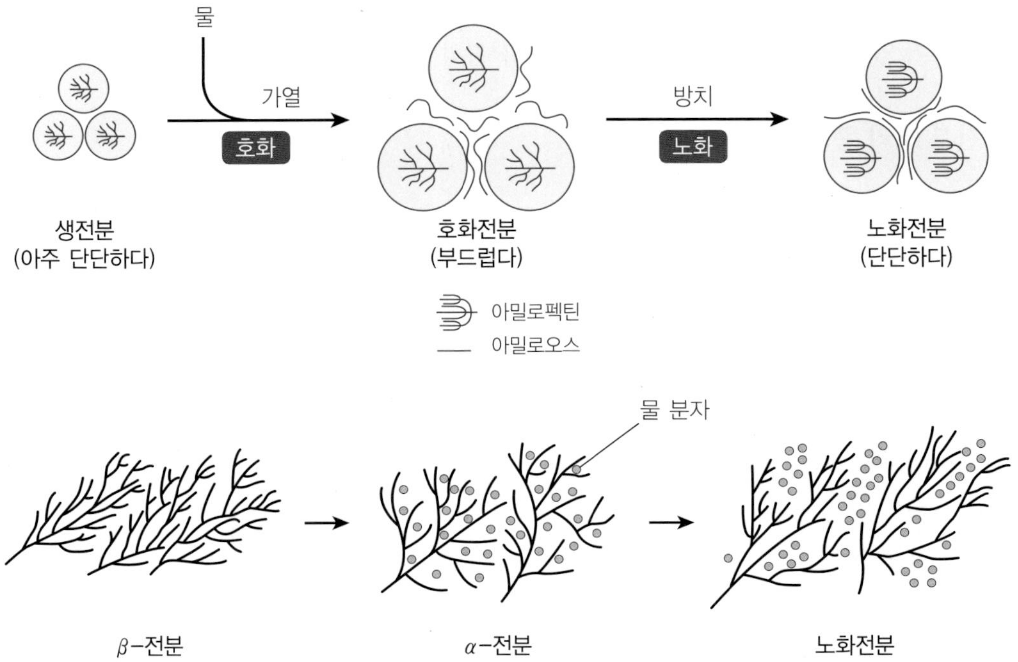

[그림 3-1] **전분의 호화와 노화**

❸ 호정화

전분에 수분을 첨가하지 않고 160~170℃의 건열로 가열하면 전분 분자가 함유한 수분에 의해 결합이 끊어져서 가용성 덱스트린이 생성되는 현상을 호정화(dextrinization)라고 한다. 호정화로 생성된 덱스트린은 자연전분보다 분자량이 비교적 작아서 용해성은 증가하지만 점성은 약해진다. 호정화는 빵을 굽거나 곡물의 가루를 볶을 때 나타나며 토스트, 미숫가루, 루(roux), 누룽지, 뻥튀기, 팝콘 등에서 볼 수 있다.

❹ 겔화

전분에 수분을 가한 후 가열하면 호화가 일어나는데, 이때 호화된 전분이 급속히 식어서 굳어지는 현상을 전분의 겔화(gelation)라고 한다. 이 현상은 아밀로오스가 부분적으로 결정을 형성하는 것으로 감자, 고구마 전분의 아밀로오스는 겔화가 잘 일어나지 않고 도토리, 녹두, 동부 전분은 겔화가 잘 일어난다. 이를 이용한 식품으로는 도토리묵, 청포묵, 메밀묵, 앵두편 등이 있다.

❺ 당화

전분에 산이나 효소를 작용시키면 단당류, 이당류, 올리고당으로 가수분해되어 단맛이 증가하는 과정을 전분의 당화(saccharification)라고 한다. 물엿, 조청, 시럽, 식혜, 고추장 등에서 이러한 현상을 볼 수 있다.

고구마의 경우 β-아밀라아제를 함유하고 있다. 이 효소의 최적활성온도는 50~70℃이며 가열하면 이 효소가 활성화되어 전분을 맥아당으로 만들어 고구마의 단맛을 증가시킨다. 따라서 고구마를 서서히 익히거나 햇빛에 말리면 이 효소가 활성화되어 단맛이 증가한다.

4. 쌀의 조리

(1) 밥

1) 쌀 불리기

쌀을 일정 시간 침수하면 쌀의 조직이 물을 흡수하여 가열 시 열전도율을 높이고 호화를 용이하게 하여 맛있는 밥이 된다.

멥쌀을 물에 담그면 30분 이내에 급속한 흡수가 일어나서 최고 흡수량의 약 70~80%까지 흡수되며, 그 후 서서히 흡수하므로 적어도 30분 정도 불리는 것이 좋다. 불리는 과정을 통해 쌀 입자에 흡수되는 물의 양은 쌀 무게의 20~30% 정도이다.

찹쌀은 아밀로펙틴만으로 이루어져 있어 수분 흡수력이 커서 찹쌀에 흡수되는 물의 양은 쌀 무게의 40% 정도로 멥쌀보다 많다.

2) 밥 짓기

밥을 지을 때 물의 양은 쌀 자체의 수분 함량, 쌀의 양, 가열 용기, 화력, 가열방법 등에 의해서 영향을 받는다. 백미로 밥을 지을 경우 물의 양은 쌀 중량의 1.5배, 쌀 부피의 1.2배가 적당하며, 햅쌀의 경우는 쌀 중량의 1.4배, 쌀 부피의 1.1배의 물을 가하는 것이 좋다. 또한 찹쌀의 경우는 쌀 중량의 1.1~1.2배, 쌀 부피의 0.9배의 물을 가한다.

쌀에 물을 붓고 가열하면 60~65℃에서 호화되기 시작하여 70℃에서 호화가 진행되고 100℃에서 20분 정도 지나면 호화가 완성되면서 맛있는 밥이 된다. 밥짓는 과정은 온도 상승기, 비등 유지기, 뜸 들이기의 3단계로 이루어진다.

표 3-1 쌀의 종류에 따른 물의 양

쌀의 종류	쌀 중량에 대한 물의 양	쌀 부피에 대한 물의 양
백미	중량의 1.5배	부피의 1.2배
햅쌀	중량의 1.4배	부피의 1.1배
찹쌀	중량의 1.1~1.2배	부피의 0.9배

표 3-2 밥 짓는 단계

단계	내용
온도 상승기	센 불로 가열하여 최고 온도에 도달하는 과정으로 대류가 활발히 일어나 용기 안의 온도가 일정하게 되고 쌀알의 흡수가 급속히 진행된다. 이 기간은 보통 10~15분 정도 걸린다.
비등 유지기	밥물이 끓으면 중간 불로 조절하여 끓어 넘치는 것을 방지하고 98~100℃를 유지한다. 이때 쌀 전분의 호화는 계속 진행되면서 쌀 외부에 있던 수분이 쌀 속으로 스며들어 거의 남지 않게 된다. 이 기간은 5~10분이면 충분하다.
뜸 들이기	불을 아주 약하게 하거나 불을 끈 상태에서 10~15분 정도 뜸을 들이면 쌀 주위에 있던 약간의 수분까지 쌀알 내부로 충분히 스며들어 쌀알 중심부까지 완전히 호화된다.

찹쌀로 밥을 지을 때는 밥물의 양이 약 0.9배로 멥쌀보다 적게 필요한데 이 정도로는 쌀이 물에 잠기지 않으므로 멥쌀로 밥을 할 때처럼 센 불로 충분히 끓여줄 수 없다. 따라서 찹쌀로 밥을 할 때는 물에 충분히 불린 다음 수증기를 이용하여 찜통에서 찌는 방법을 많이 이용하며, 찌는 과정에서 2~3회의 물을 뿌려 주어야 충분히 호화가 된다.

(2) 죽

죽은 곡류에 5~6배의 물을 가하여 끓인 반유동식으로 전분의 호화가 충분히 되어 점성을 유지하는 것이 좋다. 주재료로 쌀을 많이 이용하며 그 외 수조육류, 어패류, 채소류, 견과류, 우유 등 영양이 많은 재료를 넣어서 만든다.

특히 지질 함량이 많은 견과류를 이용하여 끓인 죽은 쌀가루가 충분히 호화된 후 갈아 놓은 잣이나 깨를 넣어야 하는데, 이는 잣에 전분을 분해하는 아밀라아제가 많이 함유되어 있기 때문이다. 잣죽은 일반적인 죽보다 물의 양을 적게 해야 하므로 곡류의 약 4배 정도의 물을 사용하는 것이 바람직하다.

표 3-3 죽의 종류

흰죽	쌀 분량의 5~6배의 물을 사용 • 옹근죽 : 쌀알을 그대로 쑤는 죽 • 원미죽 : 쌀알을 굵게 갈아서 쑤는 죽 • 무리죽 : 쌀알을 곱게 갈아서 쑤는 죽
암죽	곡물을 말려서 가루로 만들어 물을 넣고 끓인 것 • 떡암죽, 쌀암죽, 밤암죽
응이	곡물을 갈아서 앙금을 얻어 이것으로 쑨 것 • 율무, 연근, 수수, 갈분, 보리, 밀, 연실, 녹두 등의 앙금을 사용함
미음	곡물 분량의 10배 정도의 물을 붓고 낟알이 푹 물러 퍼질 때까지 끓인 다음 미음체에 밭쳐 국물만 마시는 음식 • 쌀, 차조, 메조 등을 사용함

(3) 떡

떡은 곡물가루로 만든 음식으로 관혼상제에 필수로 사용되었다. 떡은 만드는 방법에 따라 찌는 떡, 치는 떡, 지지는 떡, 빚는 떡, 술로 부풀린 떡으로 분류한다. 특히 찹쌀가루로 만든 경단, 화전 등의 떡은 반죽할 때 끓는 물로 익반죽을 해야 한다. 이는 쌀 단백질은 밀 단백질과 같이 점성을 나타내는 글루텐이 없으므로 반죽할 때 끓는 물로 하여야 쌀 전분 일부의 호화가 일어나 점성이 생기기 때문이다. 찹쌀가루를 체에 치거나 반죽을 손으로 많이 치대면 공기가 혼입되어 입에서의 촉감이 좋아지고 백색도도 증가하게 된다.

표 3-4 떡의 분류

찌는 떡	곱게 빻은 쌀가루를 수증기를 이용하여 찐다. • 백설기, 팥시루떡, 잡과병 등
치는 떡	멥쌀가루나 찹쌀가루를 찌거나 밥을 지어 안반에 쳐서 만든다. • 가래떡, 절편, 인절미 등
지지는 떡	찹쌀가루를 익반죽하여 모양을 만들고 기름에 지진다. • 화전, 부꾸미, 주악 등
빚는 떡	찹쌀가루를 익반죽하여 둥글게 빚어 찌거나 삶는다. • 송편, 경단, 단자 등
술로 부풀린 떡	쌀가루를 익반죽하여 막걸리를 넣고 발효시킨 후 고명을 얹어 찐다. • 증편

실험 1 · 물의 비율을 달리한 죽의 점도 변화

1. 실험목적

물의 양이 죽의 점도와 관능적 특성에 미치는 영향을 알아봄으로써 죽 제조 시 필요한 물의 양을 이해한다.

2. 실험재료

쌀 480g, 물 3.6L

3. 실험기구 및 기기

메스실린더, 피펫, 저울, 온도계, 조리기구

4. 실험방법

❶ 쌀 160g을 불려서 냄비에 담고 물 800mL(1:4)를 넣은 다음 강한 불에서 나무주걱으로 섞으면서 끓이다가 약한 불에서 쌀알이 퍼질 때까지 계속 저으면서 끓인다(A).
❷ ❶의 방법대로 하되 물을 1,200mL(1:6)로 하여 죽을 만든다(B).
❸ ❶의 방법대로 하되 물을 1,600mL(1:8)로 하여 죽을 만든다(C).
❹ 완성된 죽을 70℃로 식혀서 외관, 점도, 질감, 기호도를 평가한다.

5. Flow Chart

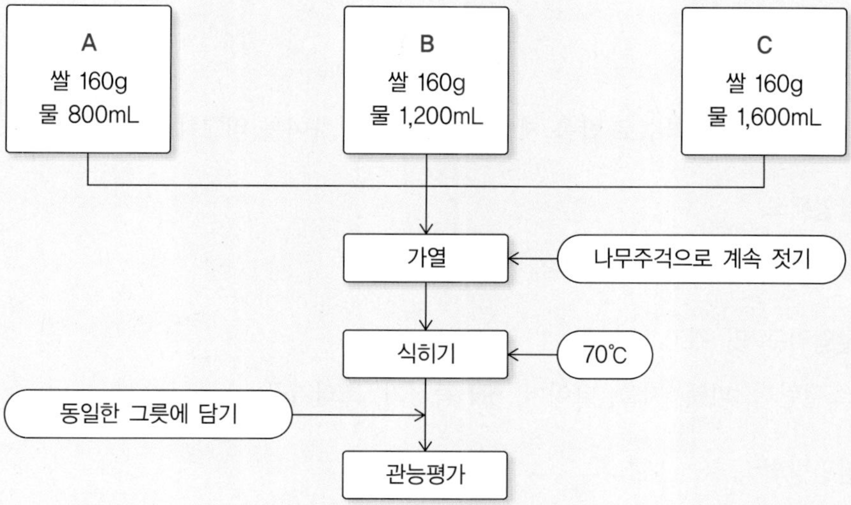

6. 실험결과

시료	외관[1)]	점도[2)]	질감[3)]	기호도[4)]
A				
B				
C				

1)~3) 묘사법
4) 순위척도법(좋은 것부터)

7. 고찰

실험 2 · 조리수의 pH가 밥맛에 미치는 영향

1. 실험목적

물, 산성수, 알칼리수로 밥을 지었을 때 밥맛의 차이를 비교해 본다.

2. 실험재료

쌀 300g, 식초 2mL, 중조 1g, 물 450mL

3. 실험기구 및 기기

메스실린더, 피펫, 저울, 타이머, pH 측정기, 조리기구

4. 실험방법

❶ 쌀은 100g씩 3그룹으로 준비한다.

❷ 조리수는 다음과 같이 만들어 pH를 측정한다.

A : 물 150mL

B : 물 150mL, 식초 2mL

C : 물 150mL, 중조 1g

❸ 조리수에 쌀을 각각 넣고 30분간 불린 후 밥을 짓는다.

❹ 밥의 광택, 색, 맛, 기호도를 평가한다.

5. Flow Chart

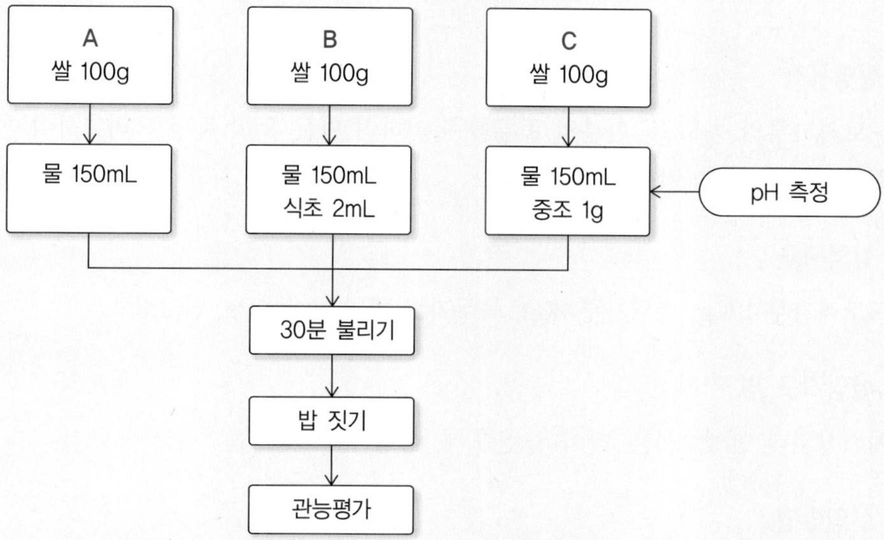

6. 실험결과

시료	조리수의 pH	광택[1]	색[2]	맛[3]	기호도[4]
A					
B					
C					

1)~3) 묘사법
4) 순위척도법(좋은 것부터)

7. 고찰

실험 3 · 전분의 농도 및 종류에 따른 묵의 품질 비교

1. 실험목적

도토리가루의 농도 및 전분의 종류를 달리하여 만든 묵의 특성을 비교하여 가장 적절한 묵의 상태를 이해한다.

2. 실험재료

도토리가루 120g, 메밀가루 30g, 녹두가루 30g, 소금 12g, 물 1.85L

3. 실험기구 및 기기

메스실린더, 피펫, 저울, 타이머, 온도계, 성형틀, 조리기구

4. 실험방법

❶ 시료는 다음과 같이 준비한다.

가. 도토리가루의 농도에 따른 묵 실험

A : 도토리가루 30g, 물 150mL(1:3)

B : 도토리가루 30g, 물 300mL(1:6)

C : 도토리가루 30g, 물 500mL(1:10)

나. 전분의 종류에 따른 묵 실험

D : 도토리가루 30g, 물 300mL(1:6)

E : 메밀가루 30g, 물 300mL(1:6)

F : 녹두가루 30g, 물 300mL(1:6)

❷ 각 시료는 95±5℃를 유지하면서 7분간 계속 저어준다.

❸ 투명해지면 각 시료에 소금 2g을 넣고 잘 섞은 후 뚜껑을 덮고 약한 불에서 5분간 뜸을 들인다.

❹ 일정한 틀에 담아 실온에서 굳힌다.

❺ 완성된 묵의 외관, 질감, 기호도를 평가한다.

5. Flow Chart

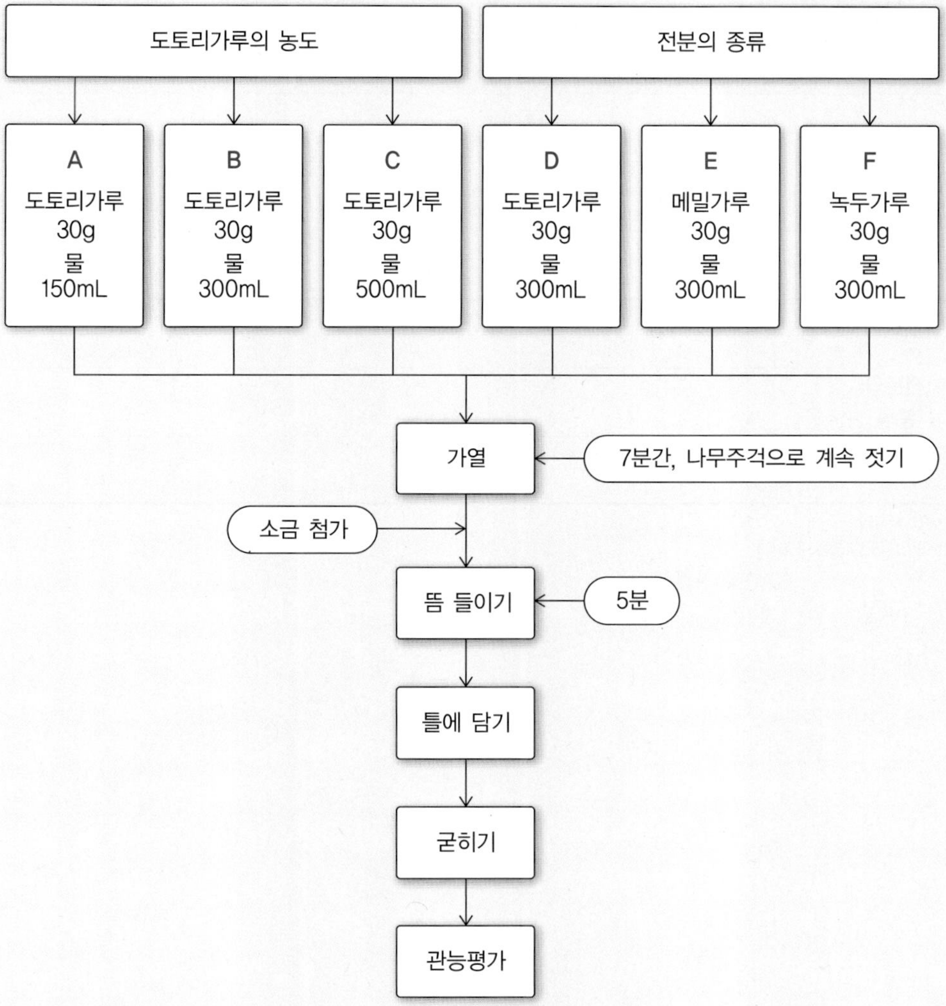
도토리가루의 농도
전분의 종류
A
도토리가루
30g
물
150mL
B
도토리가루
30g
물
300mL
C
도토리가루
30g
물
500mL
D
도토리가루
30g
물
300mL
E
메밀가루
30g
물
300mL
F
녹두가루
30g
물
300mL
가열
7분간, 나무주걱으로 계속 젓기
소금 첨가
뜸 들이기
5분
틀에 담기
굳히기
관능평가

6. 실험결과

시료		외관[1]	질감[2]	기호도[3]
도토리 가루의 농도	A			
	B			
	C			
전분의 종류	D			
	E			
	F			

1), 2) 묘사법

3) 순위척도법(좋은 것부터)

7. 고찰

실험 4 · 조리방법을 달리한 경단 실험

1. 실험목적

반죽에 사용되는 물의 온도와 물의 양이 경단의 품질에 어떠한 영향을 미치는지 알아본다.

2. 실험재료

찹쌀가루 500g, 소금 5g, 볶은 콩가루 200g, 물 150mL

3. 실험기구 및 기기

메스실린더, 피펫, 저울, 타이머, 온도계, 분쇄기, 조리기구

4. 실험방법

❶ 찹쌀은 물에 불려서 분쇄기를 사용하여 가루로 만든다.

❷ 시료는 다음과 같은 조건으로 하여 고루 섞는다.

가. 물의 온도차에 의한 경단 실험

A : 찹쌀가루 100g, 찬 물 30mL, 소금 1g

B : 찹쌀가루 100g, 끓는 물 30mL, 소금 1g

나. 물의 양에 의한 경단 실험

C : 찹쌀가루 100g, 끓는 물 20mL, 소금 1g

D : 찹쌀가루 100g, 끓는 물 30mL, 소금 1g

E : 찹쌀가루 100g, 끓는 물 40mL, 소금 1g

❸ 손으로 치대어 50번 정도 반죽한다.

❹ 반죽의 상태를 비교하여 표에 기록한다.

❺ 반죽을 떼어 지름 1.5cm 정도의 경단을 빚는다.

❻ 끓는 물에 넣어 경단이 떠오르면 10초 후에 건져서 찬 물에 잠시 담갔다가 건진다.

❼ 경단에 콩고물을 묻혀서 서로 달라붙지 않도록 한다.

❽ 20분 정도 방치한 후 경단의 모양, 질감, 기호도를 평가한다.

5. Flow Chart

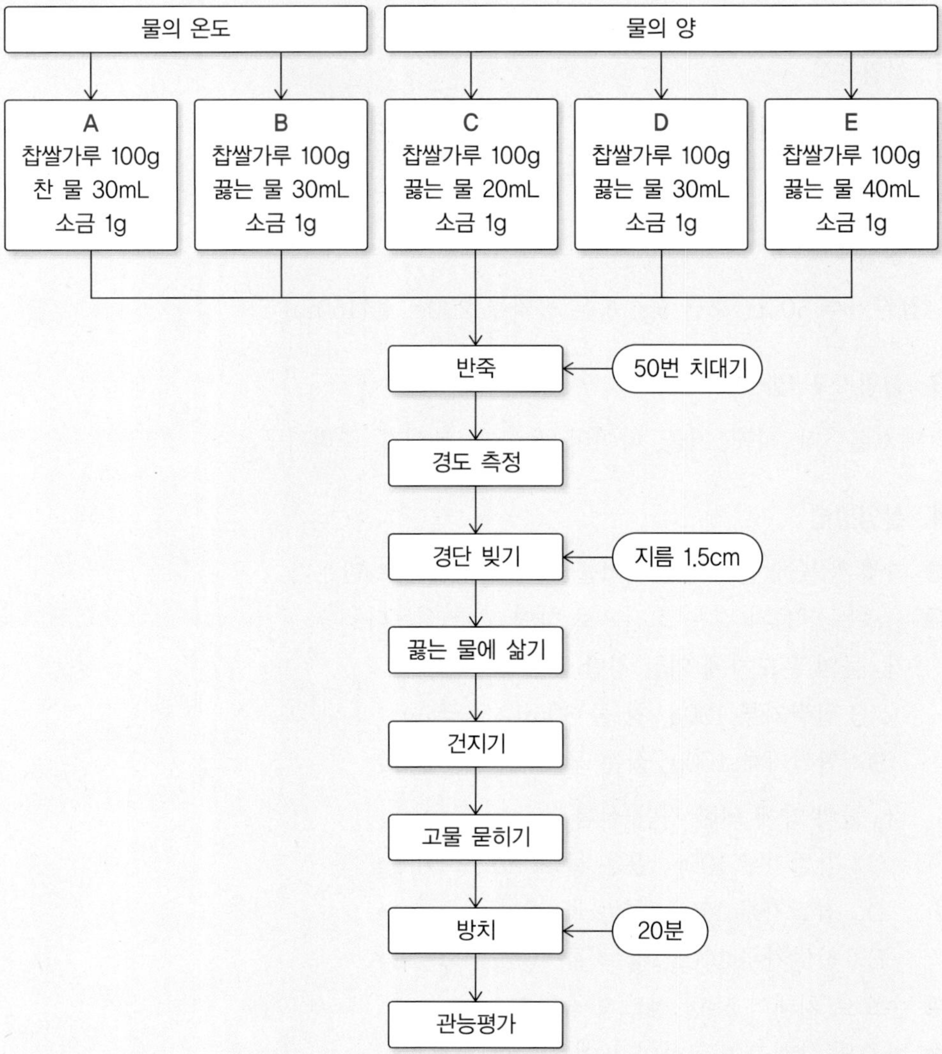
물의 온도
물의 양
A
찹쌀가루 100g
찬 물 30mL
소금 1g
B
찹쌀가루 100g
끓는 물 30mL
소금 1g
C
찹쌀가루 100g
끓는 물 20mL
소금 1g
D
찹쌀가루 100g
끓는 물 30mL
소금 1g
E
찹쌀가루 100g
끓는 물 40mL
소금 1g
반죽
50번 치대기
경도 측정
경단 빚기
지름 1.5cm
끓는 물에 삶기
건지기
고물 묻히기
방치
20분
관능평가

6. 실험결과

시료		반죽의 경도[1]	경단의 특성			
			모양[2]	질감[3]		기호도[4]
물의 온도	A					
	B					
물의 양	C					
	D					
	E					

1), 3) 순위척도법(부드러운 것부터)
2) 묘사법
4) 순위척도법(좋은 것부터)

7. 고찰

실험 5· 가열방법에 따른 고구마의 관능적 특성

1. 실험목적

가열방법을 달리하여 익힌 고구마의 관능적 특성을 비교하여 당화가 잘 일어나는 가열방법을 알아본다.

2. 실험재료

고구마(가식부) 300g

3. 실험기구 및 기기

저울, 타이머, 전자레인지, 오븐, 찜기, 조리기구

4. 실험방법

❶ 고구마는 3cm 두께로 썰어서 100g씩 3등분한다.

❷ 가열기구는 다음과 같이 준비한다.

A : 전자레인지

B : 오븐(250℃)

C : 찜기

❸ 가열기구에 고구마를 넣고 완전히 익히면서 가열시간을 측정한다.

❹ 가열이 끝나면 고구마의 무게를 측정하여 중량 감소율을 다음과 같이 계산한다.

$$\text{중량 감소율(\%)} = \frac{\text{조리 전 무게(g)} - \text{조리 후 무게(g)}}{\text{조리 전 무게(g)}} \times 100$$

❺ 고구마의 색, 질감, 단맛을 평가한다.

5. Flow Chart

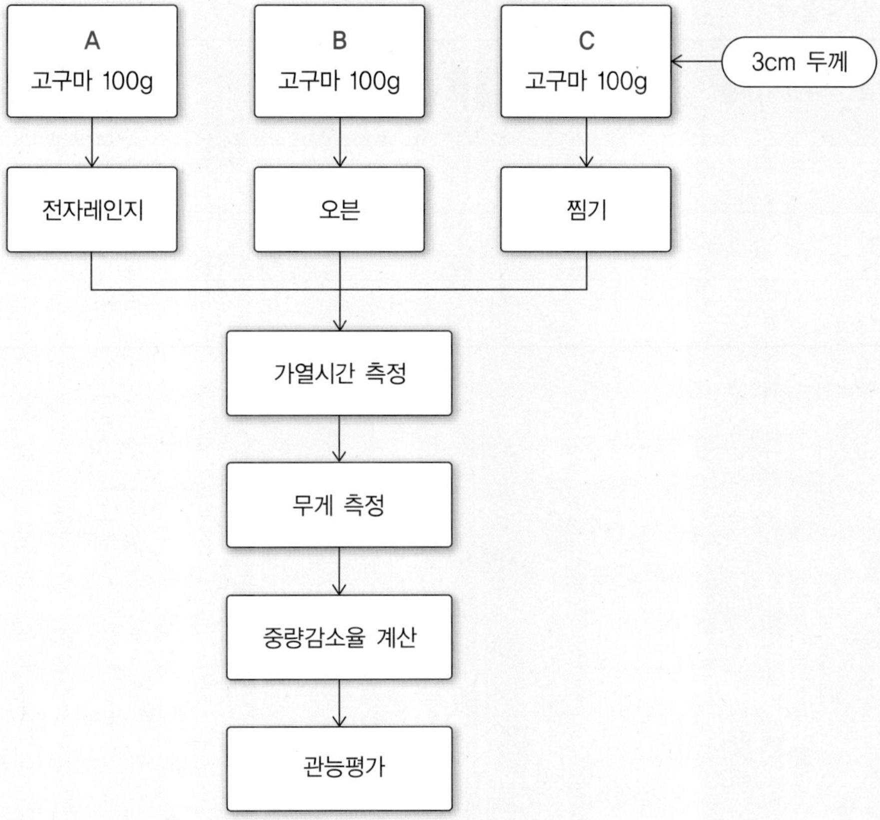
A
고구마 100g
B
고구마 100g
C
고구마 100g
3cm 두께
전자레인지
오븐
찜기
가열시간 측정
무게 측정
중량감소율 계산
관능평가

6. 실험결과

시료	가열시간(분)	고구마 무게(g)		중량 감소율(%)	색[1]	질감[2]	단맛[3]
		조리 전	조리 후				
A							
B							
C							

1), 2) 묘사법
3) 순위척도법(단 것부터)

7. 고찰

CHAPTER

04 밀가루의 조리

1. 밀의 구조

밀알은 배유, 배아, 껍질로 이루어져 있다. 배유는 밀알 전체의 83~84%를 차지하는 부분으로 밀가루의 구성 성분이 된다. 배아는 배유와 접해 있는 부분으로 밀알 전체의 2%를 차지한다. 배아에는 지방이 상당량 포함되어 있어서 저장하는 동안 맛과 질을 변화시키기 때문에 제분할 때 껍질과 함께 분리시킨다. 껍질층은 밀알 전체의 14~15%를 차지하며 외피, 종피, 호분층에 이르는 부분으로 소화가 잘 되지 않는 셀룰로오스가 많다.

2. 밀가루의 성분

밀가루의 주요 성분은 탄수화물 75%, 단백질 8~16%, 지질 2% 이하, 무기질 0.5%, 수분 13% 정도이다. 그 외에 비타민 E, 티아민, 리보플라빈, 비타민 B_6가 많이 함유되어 있고 카로티노이드계, 플라보노이드계의 색소도 많다. 또한 밀가루의 조리 가공성이나 저장성에 영향을 미치는 아밀라아제, 프로테아제, 리폭시게나제 등의 효소도 함유하고 있다.

3. 밀가루의 종류

(1) 강력분

강력분은 글루텐 함량이 13% 이상이며 경질밀로 만든다. 이 글루텐은 탄력성과 점성이 강하고 수분흡착력이 크다. 따라서 강력분은 식빵과 같은 부풀리는 빵 반죽에 주로 이용된다.

(2) 중력분

중력분은 글루텐 함량이 10~13%로 단백질 함량은 강력분과 박력분의 중간이며, 글루텐의 탄력성, 점성, 수분흡착력도 중간 정도이다. 중력분은 다목적으로 이용되는데 소면, 우동 등의 면류, 만두피, 크래커를 만드는 데 사용된다.

(3) 박력분

박력분은 글루텐 함량이 10% 이하이며 연질밀로 만든다. 글루텐의 탄력성과 점성이 약하고 수분흡착력도 약하다. 따라서 박력분은 섬세한 질감을 가진 케이크, 과자, 튀김옷에 주로 이용된다.

표 4-1 밀가루 종류 및 용도

종류	글루텐 함량	특징	용도
강력분	13% 이상	• 경질밀로 만듦 • 점성, 탄성, 수분흡착력 강함	제빵용(식빵 등)
중력분	10~13%	• 경질밀과 연질밀의 혼합분으로 만듦 • 점성, 탄성, 수분흡착력 중간 정도	다목적용 (면류, 만두피 등)
박력분	10% 이하	• 연질밀로 만듦 • 점성, 탄성, 수분흡착력 약함	제과용(케이크, 과자 등) 튀김옷

4. 밀가루의 반죽

(1) 글루텐의 형성

밀가루에 50~60%의 물을 첨가하여 반죽하면 밀가루에 존재하는 글리아딘과 글루테닌이 물과 결합하여 3차원 망상 구조의 글루텐이 형성된다. 이 두 단백질이 글루텐을 형성할 때에는 긴 실 모양을 한 글루테닌이 여기저기 겹쳐서 헐거운 실 같은 모양을 형성하고 그 사이에 짧고 둥근 모양을 한 글리아딘이 몇 개씩 모여 끼어서 만들어진다. 물에 넣어 수화시키면 글루테닌은 탄력성이 강해져서 글루텐에 탄성을 주고 단단함을 준다. 글리아딘은 부드럽고 달라붙는 성질이 있어서 글루텐에 점성을 준다.

글루텐의 망상 구조에는 수분, 공기방울, 팽창제에서 발생한 가스 등이 들어 있다가 가열하면 공기, 탄산가스, 수분에서 생긴 증기가 팽창하게 되고 글루텐은 탄성과 점성이 있어서 이러한 기체를 보유한 채 응고될 때까지 늘어난다.

글루텐의 형성 정도는 밀가루의 종류와 반죽의 정도에 따라 다르다. 튀김옷을 만들 때는 박력분을 가볍게 섞어 글루텐의 형성을 적게 하는 것이 좋고, 이스트빵을 만들 때에는 강력분을 충분히 반죽하여 글루텐이 많이 형성되도록 하는 것이 좋다.

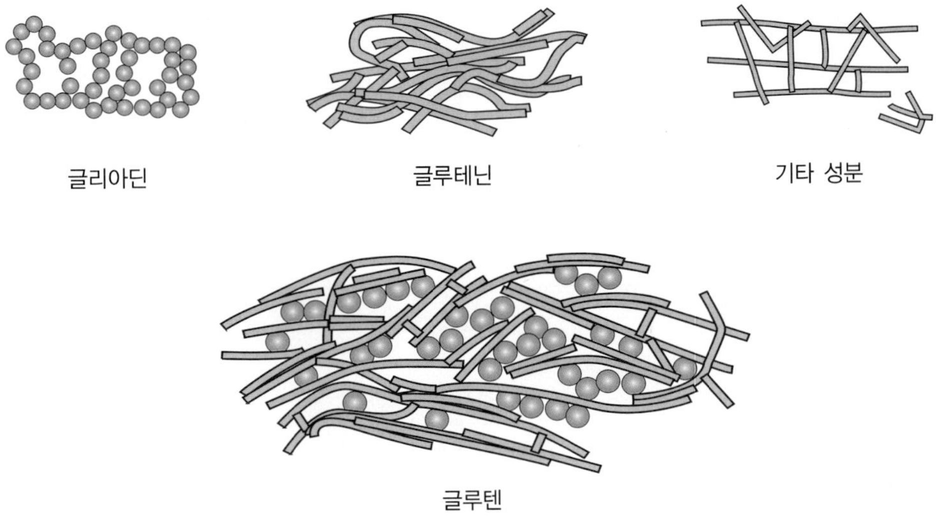

[그림 4-1] **밀가루 단백질의 구조와 글루텐의 형성**

[그림 4-2] **밀가루 단백질의 특성**

(2) 첨가물의 영향

1) 액체

밀가루 반죽에 사용되는 액체로는 물, 우유, 과일즙, 달걀에 포함된 수분 등이 있다. 이들은 수분을 공급하여 글루텐이 형성될 수 있도록 하며, 설탕, 소금, 베이킹파우더, 수용성 물질 등을 용해시켜 반죽에 골고루 섞이도록 용매 작용을 한다. 또한 가열 시 증기를 형성하여 팽창제의 역할을 하며, 베이킹파우더나 베이킹소다의 반응을 일으키게 하여 이산화탄소의 형성을 촉진한다.

2) 소금

적당량의 소금은 밀가루 글리아딘의 점성을 강화시키고 글루텐의 강도를 높여 주며 제품의 맛도 향상시킨다. 그러나 소금을 많이 사용하면 글루텐의 망상 구조를 강화하여 밀가루 반죽을 질기게 만든다. 이스트를 사용할 경우 소금은 발효속도를 조절하는 역할을 한다.

3) 설탕

설탕은 흡습성이 강해 밀 단백질의 수화를 감소시켜 글루텐 형성을 저해하고 수분증발을 억제한다. 달걀 첨가 시 설탕은 달걀 단백질의 열 응고를 억제함으로써 달걀 단백질을 연하게 하는 작용을 하며, 이스트 발효 시에는 영양분의 작용을 하여 발효를 촉진한다. 또한 설탕을 가열하면 캐러멜 반응을 통해 제품에 갈색과 캐러멜 향을 부여한다.

설탕이 많이 들어간 반죽은 글루텐 형성이 정상적으로 이루어지지 않아 반죽이 묽러지고 가열 시 가스 팽창에 의한 압력을 견디지 못해 표면이 갈라진다. 반대로 설탕이 너무 적으면 결이 거칠고 제품이 질겨지기 쉽다.

4) 지방

지방은 글루텐 표면에 얇은 막을 형성하여 글루텐의 망상 구조 형성을 억제함으로써 반죽을 부드럽고 연하게 한다. 고체지방은 크리밍하는 과정에서 공기가 포함되어 제품의 부피를 증가시키고 질감과 조직을 좋게 해 준다. 또한 지방은 제품에 적당한 갈색과 향기를 부여한다.

5) 달걀

난백의 기포성은 반죽에 공기를 주입하여 팽창제 역할을 하며, 난황에 있는 레시틴의 유화성은 지방이 반죽 내에 골고루 섞일 수 있도록 한다. 달걀 단백질은 가열에 의해 응고되면서 글루텐의 형성을 도와 제품 모양을 유지하며 색과 맛을 좋게 한다. 그러나 과량 사용 시 제품을 질기게 할 수 있다.

6) 팽창제

팽창제는 밀가루 혼합물 내에 함유되어 있는 가스체 또는 가스를 발생할 수 있는 물질이다. 반죽 또는 굽는 과정에서 글루텐의 망상 구조를 다공질로 만들어 제품을 부풀게 하여 텍스처 특성에 중요한 역할을 한다.

물리적 팽창제로는 공기와 수증기가 있고, 생물적 팽창제로는 이스트가 있으며, 화학적 팽창제로는 베이킹소다와 베이킹파우더가 있다.

5. 밀가루의 이용

(1) 제과 · 제빵

발효빵은 이스트를 이용하여 팽화시킨 것으로 일반적인 빵 제품이 여기에 속한다. 대표적인 발효빵으로는 식빵과 인도의 난이 있다.

비발효빵은 이스트를 사용하지 않고 팽창제를 이용하여 부풀린 것으로 케이크, 쿠키, 퀵브레드, 케이크도넛, 비스킷 등이 있다.

(2) 면류

우동과 소면에는 중력분, 중국 면에는 준강력분, 파스타에는 세몰리나가 이용된다. 중국 면 제조 시 밀가루에 탄산나트륨과 탄산칼륨의 혼합물인 알칼리제(간수)를 1~2% 첨가하면 글루텐 형성이 촉진되어 반죽의 탄력성이 증가하게 된다. 또한 단백질을 부분적으로 용해하여 독특한 풍미를 나게 하며, 밀가루의 안토잔틴 색소에 작용하여 면이 황색을 띠게 한다.

(3) 루(roux)

루는 밀가루와 버터를 1:1의 비율로 볶은 것으로, 전분의 호정화를 이용하였다. 루는 수프나 소스에 농도를 부여하고 특유의 풍미와 매끈한 맛을 준다. 루는 볶는 온도에 따라 색과 풍미가 달라지는데 120~130℃에서 볶은 것을 화이트 루, 140~150℃에서 볶은 것을 크림 루, 180~190℃에서 볶은 것을 브라운 루라고 한다.

(4) 튀김옷

튀김옷은 밀가루에 여러 가지 혼합물을 첨가한 것으로 밀가루 전분의 흡습성과 호화성을 이용한 것이다. 전분은 가열에 의해 튀김옷과 재료로부터 물이 흡수되어 호화되고 튀김옷을 고정하는 역할을 한다. 이때 튀김옷의 수분은 고온가열에 의해 증발하고 대신 유지가 튀김옷에 흡착한다.

실험 1 · 밀가루의 글루텐 실험

1. 실험목적

밀가루 종류에 따른 글루텐의 여러 가지 특성을 비교하여 본다.

2. 실험재료

강력분, 중력분, 박력분 각 50g
물 90mL

3. 실험기구 및 기기

메스실린더, 피펫, 저울, 타이머, 오븐, 면포, 조리기구

4. 실험방법

❶ 시료는 다음과 같이 준비한다.
A : 강력분 50g　　B : 중력분 50g　　C : 박력분 50g

❷ 각 밀가루에 찬 물 30mL씩을 넣어 숟가락으로 100번 정도 둥글게 돌려 가면서 한 덩어리가 되게 뭉친 후 200번 정도 아래위로 누르면서 매끈하게 반죽한다.

❸ 면포를 물에 적셔서 꼭 짠 후 반죽을 싸서 15분간 방치한 다음 물속에 10분 정도 담가 둔다.

❹ 반죽을 흐르는 물에서 맑은 물이 나올 때까지 주물러서 글루텐을 채취한다.

❺ 채취한 글루텐의 물기를 제거하여 무게를 측정한다.

❻ 습부율은 다음과 같이 계산한다.

$$\text{습부율(\%)} = \frac{\text{젖은 글루텐의 양(g)}}{\text{밀가루의 무게(g)}} \times 100$$

❼ 글루텐의 점성은 젖었을 때 끈적끈적한 정도를 측정하며, 탄성은 잡아당겼다가 놨을 때 제자리로 복원되는 정도를 측정한다.

❽ 글루텐을 250℃의 오븐에 넣어 15분간 굽는다.

❾ 구운 글루텐의 무게를 측정한다.

⑩ 건부율은 다음과 같이 계산한다.

$$건부율(\%) = \frac{구운\ 글루텐의\ 양(g)}{밀가루의\ 무게(g)} \times 100$$

⑪ 구운 후의 부푼 모양과 내부 모양을 관찰한다.

5. Flow Chart

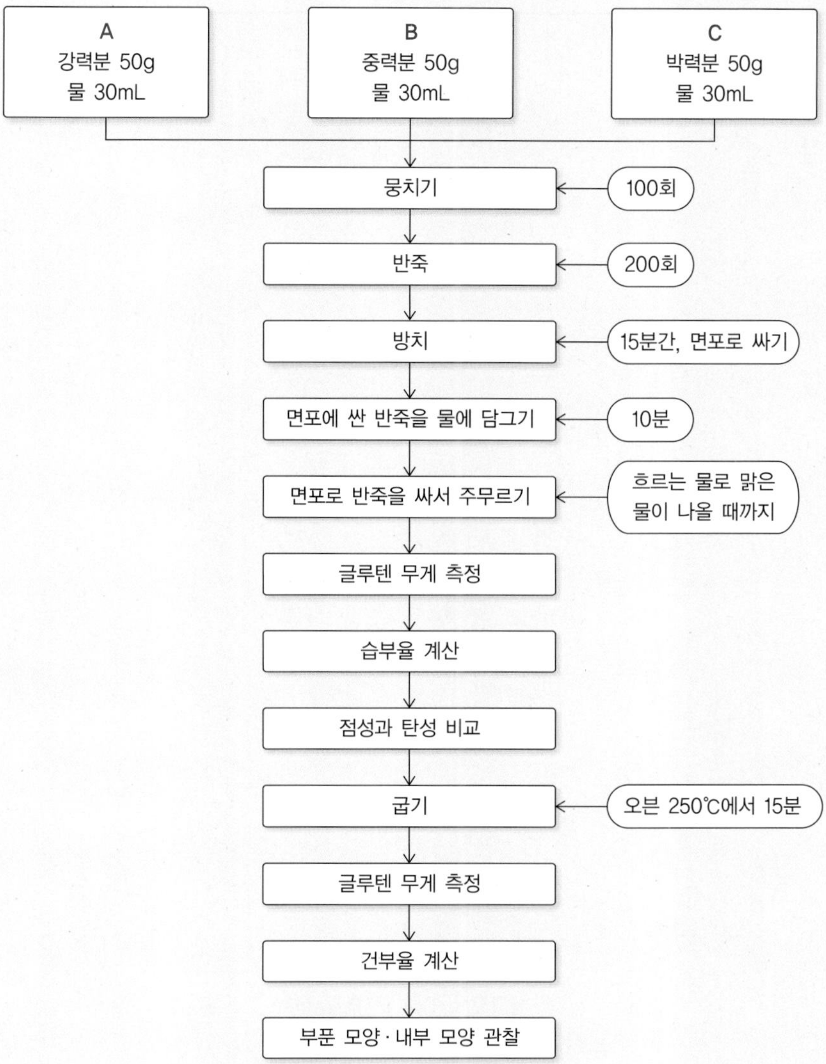

6. 실험결과

시료	습부율(%)	점성[1)]	탄성[2)]	건부율(%)	부푼 모양[3)]	내부 모양[4)]
A						
B						
C						

1), 2) 순위척도법(강한 것부터)

3) 순위척도법(큰 것부터)

4) 묘사법

7. 고찰

실험 2· 가열에 의한 국수류 실험

1. 실험목적

종류가 다른 국수를 삶았을 때 국수가 익기까지의 시간, 무게의 변화를 비교한다.

2. 실험재료

소면, 칼국수, 스파게티, 당면 각 30g
물 2.4L

3. 실험기구 및 기기

메스실린더, 피펫, 저울, 타이머, 체, 조리기구

4. 실험방법

❶ 시료는 다음과 같이 준비한다.

A : 소면 30g
B : 칼국수 30g
C : 스파게티 30g
D : 당면 30g

❷ 각 냄비에 물 600mL를 넣고 끓이다가 각각의 시료를 넣고 삶는다.

❸ 시료가 익을 때까지의 시간을 측정한다.

❹ 시료가 다 익었으면 찬 물에 헹구지 말고 그대로 체에 건져 물기만 제거한 후 무게를 측정한다.

❺ 시료의 중량 증가율은 다음과 같이 계산한다.

$$\text{중량 증가율(\%)} = \frac{\text{삶은 후 무게(g)} - \text{삶기 전 무게(g)}}{\text{삶기 전 무게(g)}} \times 100$$

5. Flow Chart

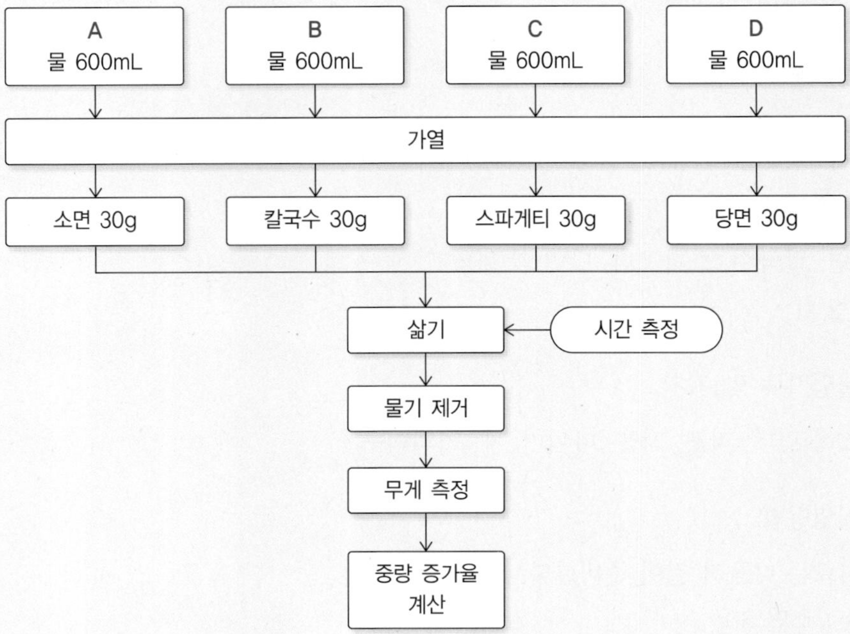

6. 실험결과

시료	삶는 시간(분)	무게(g)		중량 증가율(%)
		삶기 전	삶은 후	
A				
B				
C				
D				

7. 고찰

실험 3· 첨가물이 머핀에 미치는 영향

1. 실험목적

밀가루 반죽에 첨가되는 재료를 변화시켜서 만든 머핀의 여러 가지 특성을 비교하여 품질 좋은 머핀의 최적 조건을 이해한다.

2. 실험재료

밀가루 500g, 베이킹파우더 12g, 소금 4g
달걀 2개, 우유 500mL, 식용유 104mL, 설탕 36g

3. 실험기구 및 기기

메스실린더, 피펫, 저울, 체, 거품기, 유산지컵, 머핀 팬, 오븐, 조리기구

4. 실험방법

❶ 밀가루 100g, 베이킹파우더 3g, 소금 0.8g을 섞어서 체에 두 번 내린다. 달걀 1/2개, 우유 100mL, 식용유 26mL, 설탕 9g은 거품기로 섞은 후 체 친 가루를 넣어 잘 섞일 정도로 저어 준다(A).
❷ ❶의 방법대로 하되 베이킹파우더를 제외한다(B).
❸ ❶의 방법대로 하되 달걀을 제외한다(C).
❹ ❶의 방법대로 하되 식용유를 제외한다(D).
❺ ❶의 방법대로 하되 설탕을 제외한다(E).
❻ 유산지컵에 반죽을 2/3 정도 담는다.
❼ 200℃로 예열된 오븐에 넣어 15~20분간 구워서 표면이 황갈색이 되면 꺼내어 식힌다.
❽ 머핀의 외관, 내부조직, 질감, 맛, 기호도를 평가한다.

5. Flow Chart

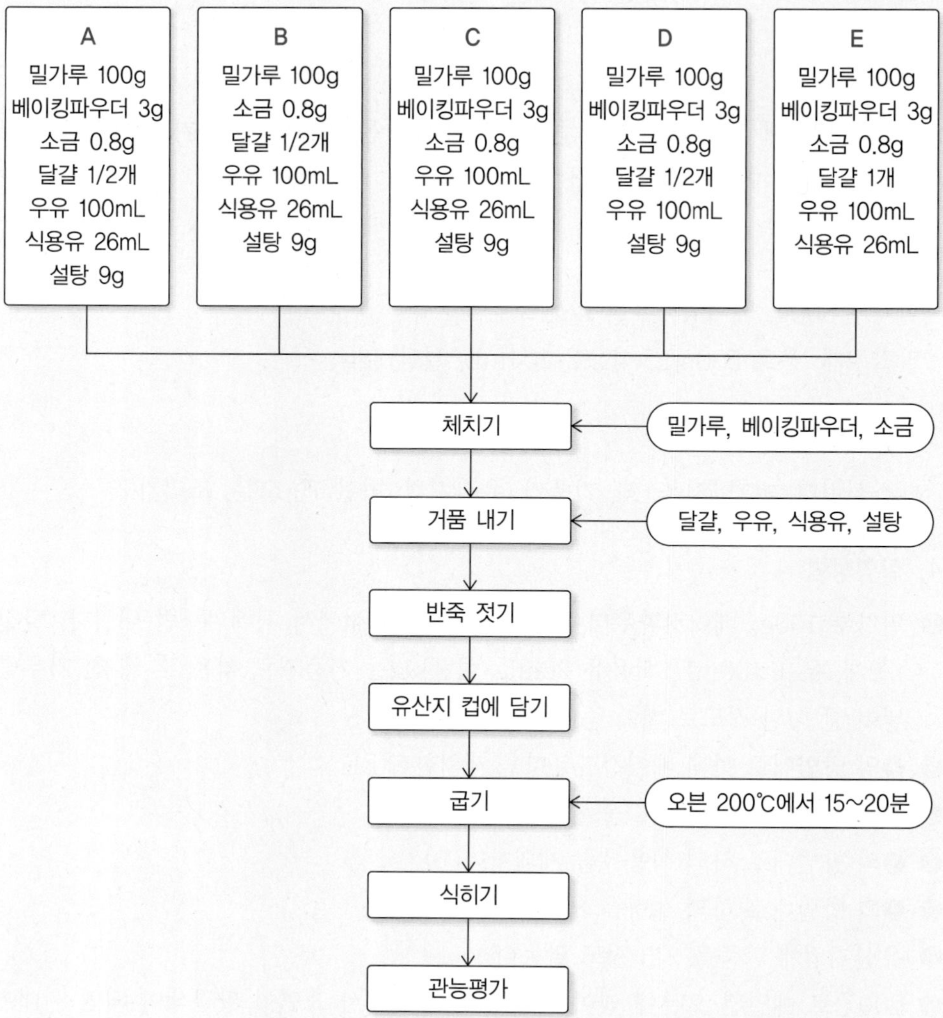
A
밀가루 100g
베이킹파우더 3g
소금 0.8g
달걀 1/2개
우유 100mL
식용유 26mL
설탕 9g
B
밀가루 100g
소금 0.8g
달걀 1/2개
우유 100mL
식용유 26mL
설탕 9g
C
밀가루 100g
베이킹파우더 3g
소금 0.8g
우유 100mL
식용유 26mL
설탕 9g
D
밀가루 100g
베이킹파우더 3g
소금 0.8g
달걀 1/2개
우유 100mL
설탕 9g
E
밀가루 100g
베이킹파우더 3g
소금 0.8g
달걀 1개
우유 100mL
식용유 26mL
체치기
밀가루, 베이킹파우더, 소금
거품 내기
달걀, 우유, 식용유, 설탕
반죽 젓기
유산지 컵에 담기
굽기
오븐 200℃에서 15~20분
식히기
관능평가

6. 실험결과

시료	외관[1)]	내부조직[2)]	질감[3)]	맛[4)]	기호도[5)]
A					
B					
C					
D					
E					

1), 2) 묘사법
3) 순위척도법(부드러운 것부터)
4), 5) 순위척도법(좋은 것부터)

7. 고찰

실험 4 · 팽창제 종류에 의한 찐빵의 품질 비교

1. 실험목적

팽창제의 종류가 찐빵의 부푸는 정도, 색, 맛 등에 미치는 영향을 알아봄으로써 제빵의 원리를 이해한다.

2. 실험재료

밀가루 200g, 중조 1g, 식초 8mL, 베이킹파우더 1.5g, 탄산암모늄 0.5g, 물 112mL

3. 실험기구 및 기기

메스실린더, 피펫, 저울, 타이머, 체, 면포, 찜통, 조리기구

4. 실험방법

❶ 시료는 다음과 같이 준비하여 반죽한다.

A : 밀가루 50g, 중조 0.5g, 물 30mL

B : 밀가루 50g, 중조 0.5g, 식초 8mL, 물 22mL

C : 밀가루 50g, 베이킹파우더 1.5g, 물 30mL

D : 밀가루 50g, 탄산암모늄 0.5g, 물 30mL

❷ 찜통에 젖은 면포를 깔고 ❶의 반죽을 담은 다음 물이 끓으면 15분간 찐다.

❸ 찐빵을 꺼내 실온에서 30분간 식힌다.

❹ 찐빵의 팽창 정도, 단면상태, 색, 맛, 기호도를 평가한다.

5. Flow Chart

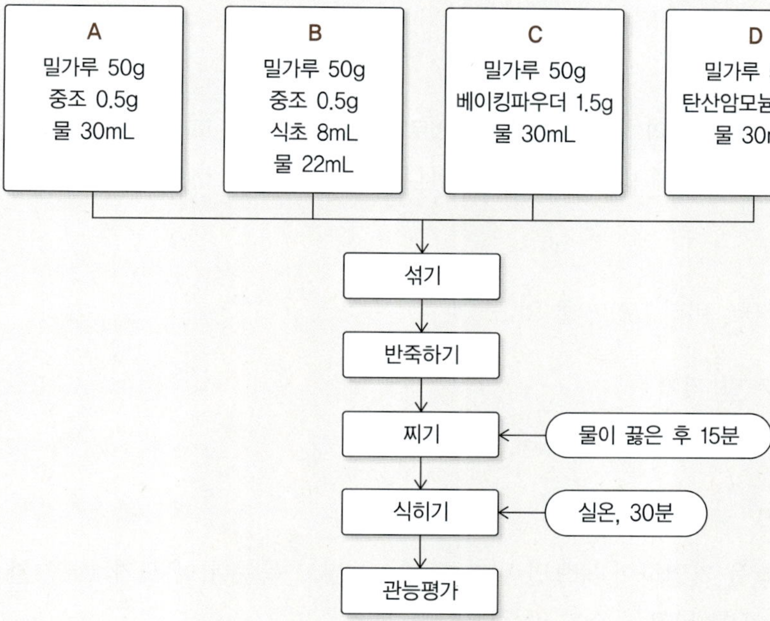

6. 실험결과

시료	팽창 정도[1]	단면상태[2]	색[3]	맛[4]	기호도[5]
A					
B					
C					
D					

1) 순위척도법(큰 것부터)
2), 3) 묘사법
4), 5) 순위척도법(좋은 것부터)

7. 고찰

실험 5 · 루(roux)의 볶는 온도와 점도

1. 실험목적

루는 수프나 소스의 기본이 되는 것으로서 루의 볶는 온도를 다르게 하였을 때 소스의 점도가 어떻게 변하는지를 알아본다.

2. 실험재료

밀가루 150g, 버터 150g, 물 2L

3. 실험기구 및 기기

메스실린더, 피펫, 저울, 온도계, 조리기구

4. 실험방법

❶ 버터 30g을 가열하여 녹으면 밀가루 30g을 넣고 볶는다. 온도가 100℃가 되면 물 400mL를 넣고 소스를 만든다(A).
❷ ❶과 같은 방법으로 하되 볶는 온도를 120℃로 한다(B).
❸ ❶과 같은 방법으로 하되 볶는 온도를 140℃로 한다(C).
❹ ❶과 같은 방법으로 하되 볶는 온도를 160℃로 한다(D).
❺ ❶과 같은 방법으로 하되 볶는 온도를 180℃로 한다(E).
❻ 각 소스의 점도, 입안에서의 촉감, 맛, 기호도를 평가한다.

5. Flow Chart

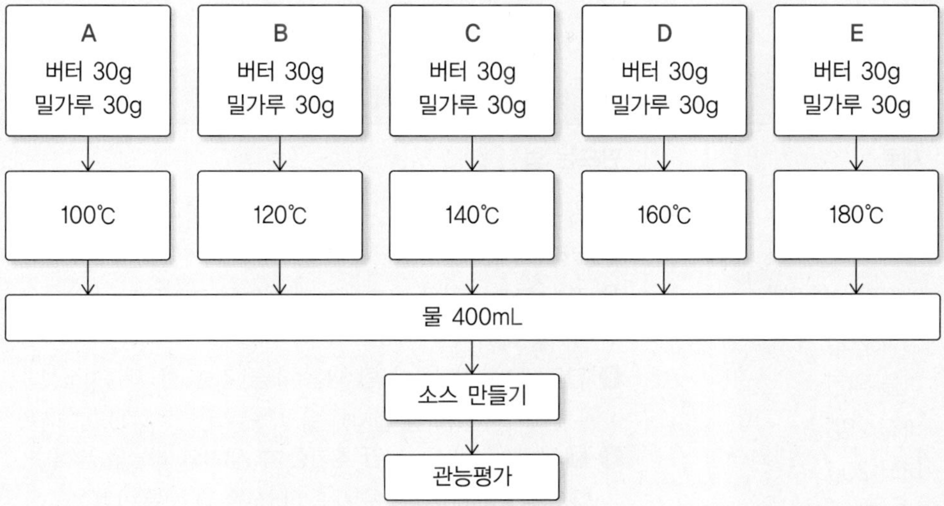

6. 실험결과

시료	점도[1]	입안에서의 촉감[2]	맛[3]	기호도[4]
A				
B				
C				
D				
E				

1) 묘사법

2)~4) 순위척도법(좋은 것부터)

7. 고찰

버섯크림 스파게티	
재료 스파게티 면 160g 양송이버섯 5개 새송이버섯 2개 양파 20g 마늘 약간 바질 2잎 버터 20g 생크림 400mL 그라나파다노치즈 50g 소금 · 후추 약간	**만드는 법** ❶ 양파와 마늘은 곱게 다지고, 양송이버섯과 새송이버섯은 슬라이스한다. ❷ 끓는 물에 소금을 넣고 스파게티 면을 7분 정도 삶은 다음 물기를 제거한다. ❸ 달군 팬에 버터를 녹인 다음 소금 간을 한 새송이버섯을 노릇하게 구워 다른 접시에 옮겨 놓는다. ❹ ❸의 팬에 버터를 약간 첨가한 후 양파와 마늘을 넣어 볶다가 양송이버섯과 구운 새송이버섯을 넣고 볶는다. ❺ ❹에 생크림을 넣어 끓이면서 스파게티 면을 넣고 그라나파다노치즈와 소금 · 후추로 간을 한 후 바질을 넣어 완성한다.

CHAPTER

05 당류의 조리

01 당류의 종류

02 당류의 물리 · 화학적 특성

03 당류의 조리 특성

04 냉수시험

실험 1 가열온도에 따른 시럽의 농도 변화

실험 2 냉각온도와 첨가물이 폰던트의 결정화에 미치는 영향

실험 3 가열온도와 재료배합에 따른 캐러멜 실험

실험 4 브리틀의 제조 실험

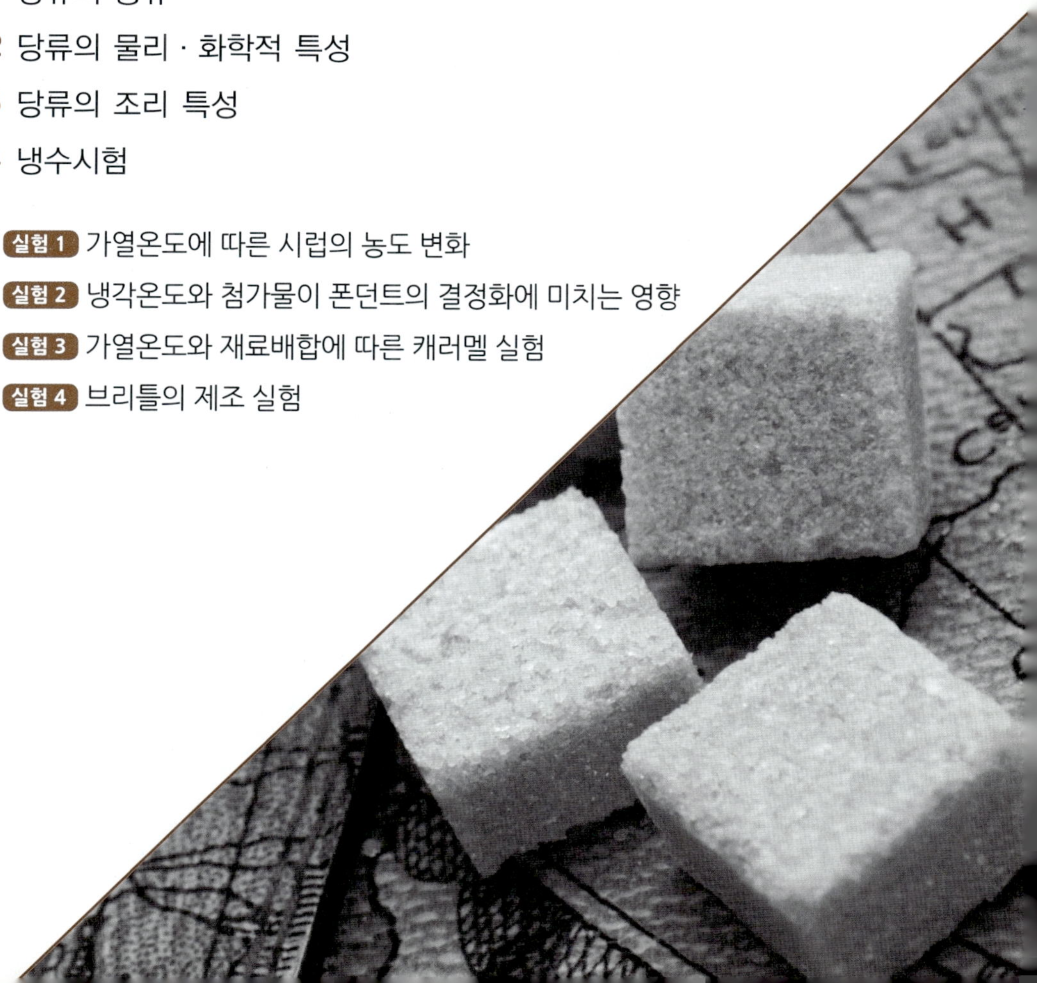

1. 당류의 종류

(1) 포도당

포도당은 포도를 비롯해 단맛이 나는 과일에 많이 함유되어 있으며 이당류, 올리고당, 다당류 등을 구성하는 당이다. 포도당은 제빵에서 빵의 촉감이나 결을 부드럽게 하고 촉촉함을 오랫동안 유지시켜 준다. 포도당의 감미도는 설탕의 75%로 캔디, 음료, 제과, 과일 통조림 등의 식품 제조에 주로 이용된다.

(2) 과당

과당은 과일과 꿀에 많이 함유되어 있다. 과당의 감미도는 설탕의 1.8배 정도로 천연의 당 중에서 가장 높고, 흡습성은 커서 결정화되기 어렵다. 과당은 온도가 낮아지면 α형보다 β형이 더 많아지는데, β형 과당이 α형 과당보다 3배나 더 달기 때문에 과일을 냉장하면 더 달게 느껴진다.

(3) 설탕

설탕은 자당이라고도 하며, 사탕무나 사탕수수에서 얻는 당으로 백설탕, 황설탕, 흑설탕, 각설탕, 커피슈가 등이 있다. 설탕은 α, β의 이성체가 없어 온도에 따른 단맛의 변화가 없으므로 감미의 기준 물질이 된다.

(4) 전화당

전화당은 설탕을 산이나 전화효소에 의해 가수분해하면 생성되는 과당과 포도당의 동량 혼합물로 벌꿀의 주요 당 성분이다. 설탕보다 단맛이 강하고 결정화가 되지 않아 양갱 및 케이크 등에 사용된다.

(5) 올리고당

올리고당은 천연식품에서 합성하거나, 다당류를 효소에 의하여 가수분해해서 얻는 당이다. 올리고당은 장내 소화효소에 의해 분해되지 않아 칼로리가 적으며, 장내의 유산균이나 비피더스균을 증식시켜 정장 작용, 충치 예방 등의 작용을 한다.

(6) 꿀

꿀은 여러 가지 꽃에 꿀벌들이 소화효소를 작용시켜 설탕을 전화당으로 전환시킨 것이다. 꿀은 과당의 양이 많아 흡습성이 강해서 촉촉함이 오래 유지되는 빵이나 과자에 이용된다.

(7) 시럽

설탕 시럽은 설탕에 물을 넣고 중불에서 젓지 않고 끓여서 제조하는데 이때 저으면 결정이 생기므로 주의하여야 한다. 또한 옥수수 전분에 산 분해효소를 넣어 가수분해하여 만든 콘 시럽과 단풍나무 즙액에서 추출한 단풍 시럽은 제과 · 제빵에 다양하게 사용된다.

(8) 당알코올

당알코올은 당이 환원되어 생성된 것으로 소르비톨, 만니톨, 자일리톨 등이 있다. 당알코올은 용액의 열을 빼앗는 성질이 있어 청량감을 주고, 설탕과 비슷한 단맛을 주며, 충치를 발생시키지 않아 캔디나 껌 등에 이용된다.

(9) 합성 감미료

사카린, 아스파탐 등의 합성 감미료는 설탕의 30배에서 수천 배에 이르는 단맛을 가지며 열량이 거의 없으나 안전성에서 논란의 여지가 있다.

2. 당류의 물리 · 화학적 특성

(1) 감미도

단맛을 비교하는 감미도는 이성체가 없어 온도에 따른 감미의 변화가 없는 설탕을 기준으로 한다. 일반적으로 과당이 단맛이 가장 크며 전화당, 설탕, 포도당, 맥아당, 유당의 순으로 단맛이 감소한다.

(2) 용해도

당류는 일반적으로 물에 잘 용해되지만 단맛이 강한 과당이 단맛이 약한 유당보다 잘 녹는다. 또한 당류는 온도가 높을수록 잘 용해된다.

(3) 흡습성

당류는 공기 중의 수분을 흡수하며 온도가 증가할수록 그 흡습량도 증가한다. 일부 제빵류는 당의 흡습성으로 신선도와 촉촉함이 오랫동안 유지된다.

(4) 가수분해

당류가 산, 효소 및 가열에 의해 가수분해되면 단당류, 올리고당류, 덱스트린이 생성되어 단맛이 증가한다. 설탕은 비환원당으로 갈변 반응을 하지 않으나 가수분해 후 전화당이 되면 갈변 반응을 하게 된다.

(5) 갈색화 반응

캐러멜 반응은 설탕을 170℃ 이상의 고온에서 가열하여 특유의 냄새를 갖는 흑갈색의 캐러멜을 형성하는 비효소적 갈변 반응으로 캔디, 제과·제빵, 간장, 불고기 양념 등에서 나타난다.

마이야르 반응은 당류와 단백질을 가열하거나 일정 기간 저장할 때 환원당과 아민이 만나 갈색물질인 멜라노이딘을 형성하는 비효소적 갈변 반응이다. 간장, 된장, 커피, 홍차, 식빵 등의 색이나 향기 형성에 도움을 준다.

3. 당류의 조리 특성

당용액은 용매에 용해되는 당의 양에 따라 불포화, 포화, 과포화용액으로 구분된다. 과포화용액은 용매에 녹을 수 있는 양보다 용질의 양이 많아 저어 주거나 충격을 가하면 결정을 형성하기 쉽다.

과포화된 설탕용액을 100℃ 이상 가열한 후 냉각시키면 용해도가 낮아져서 과포화된 부분이 핵을 형성하기 시작하고 그 후 핵을 중심으로 결정이 형성되는 것을 결정화라고 한다. 결정형 캔디와 비결정형 캔디는 과포화된 당용액의 결정성을 이용한 것이다.

(1) 결정형 캔디

결정형 캔디는 과포화된 설탕용액의 결정화 성질을 이용하여 만든 것으로 쉽게 깨물어지며 결정이 질서 정연하게 분포된 캔디를 말한다. 초콜릿, 디비니티, 폰던트, 퍼지 등이 있다.

(2) 비결정형 캔디

비결정형 캔디는 결정형 캔디보다 더 높은 온도로 가열해야 하며 당 농도도 높아야 한다. 또한 방해물질을 넣으면 점도가 높고 끈끈한 액이 만들어져서 결정 형성이 억제된다. 방해물질로는 시럽, 우유, 버터, 꿀, 유기산 등이 있다. 비결정형 캔디에는 캐러멜, 토피, 태피, 브리틀 등이 있다.

(3) 당의 결정화에 영향을 미치는 요인

1) 용질의 종류

유당이 가장 쉽게 결정이 생기고 맥아당, 갈락토오스, 설탕, 포도당, 과당 순으로 결정이 생긴다.

2) 용액의 농도

설탕용액의 농도가 높을수록 결정이 잘 생긴다.

3) 용액의 온도

결정이 형성되기 시작할 때의 온도가 높으면 결정의 크기가 커져서 거칠게 되고, 온도가 낮으면 결정이 고와져서 부드럽게 된다.

4) 교반

과포화 설탕용액을 저어 주면 쉽게 핵이 형성되어 결정화가 된다. 이때 미세한 결정을 얻으려면 온도를 내린 후 빠른 속도로 저어 주어야 한다.

시럽을 만들 때는 저으면 핵이 형성되어 결정화되므로 젓지 않도록 한다.

5) 결정 형성 방해물질

과포화 설탕용액 안에 시럽, 꿀, 전화당, 난백, 우유, 크림, 젤라틴, 한천, 유기산, 주석영 등이 있으면 이 물질들이 핵 주위를 둘러싸서 결정이 생기는 것을 막아 준다.

4. 냉수시험

끓인 설탕용액의 소량을 냉수에 떨어뜨려서 나타난 결과를 통해 시럽의 농도와 온도를 파악하여 캔디의 특성을 이해하는 것을 냉수시험(cold water test)이라고 한다.

표 5-1 설탕용액의 냉수시험

시럽의 농도	온도(℃)	냉수시험 결과	용도
실	110~112	스푼에서 떨어뜨렸을 때 약 5cm의 실을 형성	시럽
소프트 볼 (soft ball)	112~116	냉수에서 모양을 유지하기 힘들 정도로 묽은 형태를 유지	폰던트, 퍼지
펌 볼 (firm ball)	118~121	냉수에서 형태를 겨우 유지할 수 있는 정도의 형태를 형성	캐러멜
하드 볼 (hard ball)	121~130	냉수에서 손으로 눌렀을 때 모양이 달라질 수 있는 정도의 덩어리를 형성	디비니티
소프트 크랙 (soft crack)	132~143	냉수에서 단단한 실을 형성	버터스카치, 태피
하드 크랙 (hard crack)	149~153	냉수에서 쉽게 부서지는 실을 형성	브리틀, 글레이스
몰튼 슈가 (molten sugar)	160	맑고 점성 있는 액체를 형성	단 음식의 향기와 색
캐러멜 (caramel)	160~177	갈색의 점성 있는 액체를 형성	캐러멜 소스

실험 1 · 가열온도에 따른 시럽의 농도 변화

1. 실험목적

설탕용액을 가열하면서 가열온도에 따라 끓을 때의 변화를 관찰하고 시럽이 식었을 때의 상태를 비교하면서 비등점이 시럽의 농도에 미치는 영향을 이해한다.

2. 실험재료

설탕 100g, 물 50mL

3. 실험기구 및 기기

메스실린더, 비커, 피펫, 저울, 온도계, 조리기구

4. 실험방법

❶ 냄비에 분량의 설탕과 물을 넣고 설탕이 완전히 녹을 때까지 저어 주면서 강한 불로 가열한 후 100℃가 되면 약한 불로 줄인다.
❷ 110℃(A)가 되면 끓는 상태를 관찰한다.
❸ 접시에 시럽을 떨어뜨려 식힌 다음 색, 맛, 단단한 정도를 평가한다.
❹ 냉수에 시럽을 떨어뜨려 굳을 때까지의 과정을 세심히 관찰하고, 굳으면 바로 꺼내어 단단한 정도를 평가한다.
❺ 120℃(B), 130℃(C), 140℃(D), 150℃(E), 160℃(F), 170℃(G)가 되면 각각의 온도에서 ❷~❹의 실험을 반복하여 실시한다.

5. Flow Chart

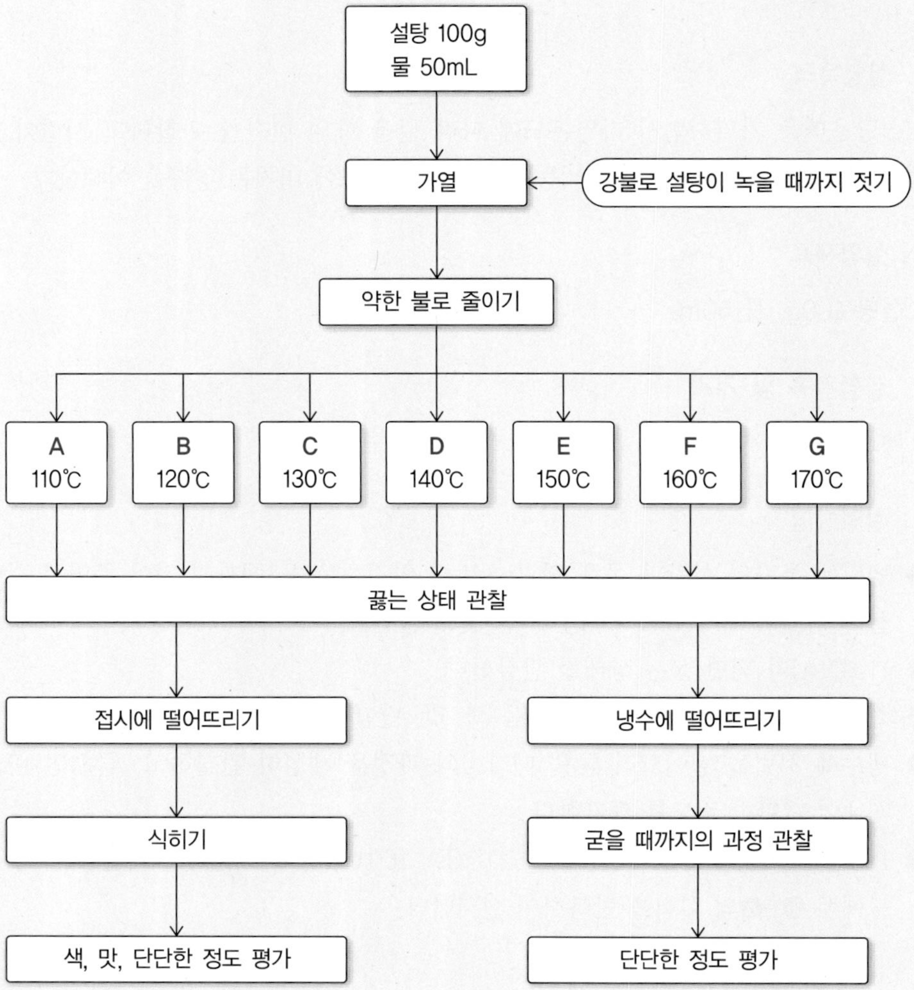
설탕 100g
물 50mL
가열
강불로 설탕이 녹을 때까지 젓기
약한 불로 줄이기
A
110℃
B
120℃
C
130℃
D
140℃
E
150℃
F
160℃
G
170℃
끓는 상태 관찰
접시에 떨어뜨리기
식히기
색, 맛, 단단한 정도 평가
냉수에 떨어뜨리기
굳을 때까지의 과정 관찰
단단한 정도 평가

6. 실험결과

시료	끓는 상태[1]	접시에 낙하한 경우[2]			냉수에 낙하한 경우[3]	
		색	맛	단단한 정도	굳을 때까지의 과정 관찰	식은 후의 단단한 정도
A						
B						
C						
D						
E						
F						
G						

1)~3) 묘사법

7. 고찰

실험 2 · 냉각온도와 첨가물이 폰던트의 결정화에 미치는 영향

1. 실험목적

냉각온도 및 여러 가지 첨가물이 결정형 캔디인 폰던트의 생성에 미치는 영향을 알아본다.

2. 실험재료

설탕 900g, 물엿 18g, 레몬즙 15mL, 물 600mL

3. 실험기구 및 기기

메스실린더, 피펫, 저울, 타이머, 온도계, 조리기구

4. 실험방법

❶ 시료는 다음과 같이 준비하여 설탕이 완전히 녹을 때까지 잘 저어 주면서 113℃가 되면 불을 끄고 오목한 볼에 붓는다.

가. 냉각온도에 따른 폰던트 실험

A : 설탕 150g, 물 100mL, 냉각온도 113℃

B : 설탕 150g, 물 100mL, 냉각온도 70℃

C : 설탕 150g, 물 100mL, 냉각온도 40℃

나. 첨가물에 따른 폰던트 실험

D : 설탕 150g, 물 100mL, 무첨가

E : 설탕 150g, 물 100mL, 물엿 18g

F : 설탕 150g, 물 100mL, 레몬즙 15mL

❷ 냉각온도에 따른 폰던트 실험의 시료는 각 해당온도까지 냉각시키고, 첨가물에 따른 폰던트 실험의 시료는 40℃까지 냉각시킨다.

❸ 각 시료는 나무주걱을 이용하여 일정한 속도로 빠르게 저어서 하얗게 굳어질 듯 엉기면 멈춘다. 이때 소요시간을 측정한다.

❹ 형성된 덩어리를 둥글게 빚어 접시에 담아서 결정의 크기, 색, 단단한 정도, 매끄러운 정도, 기호도를 평가한다.

5. Flow Chart

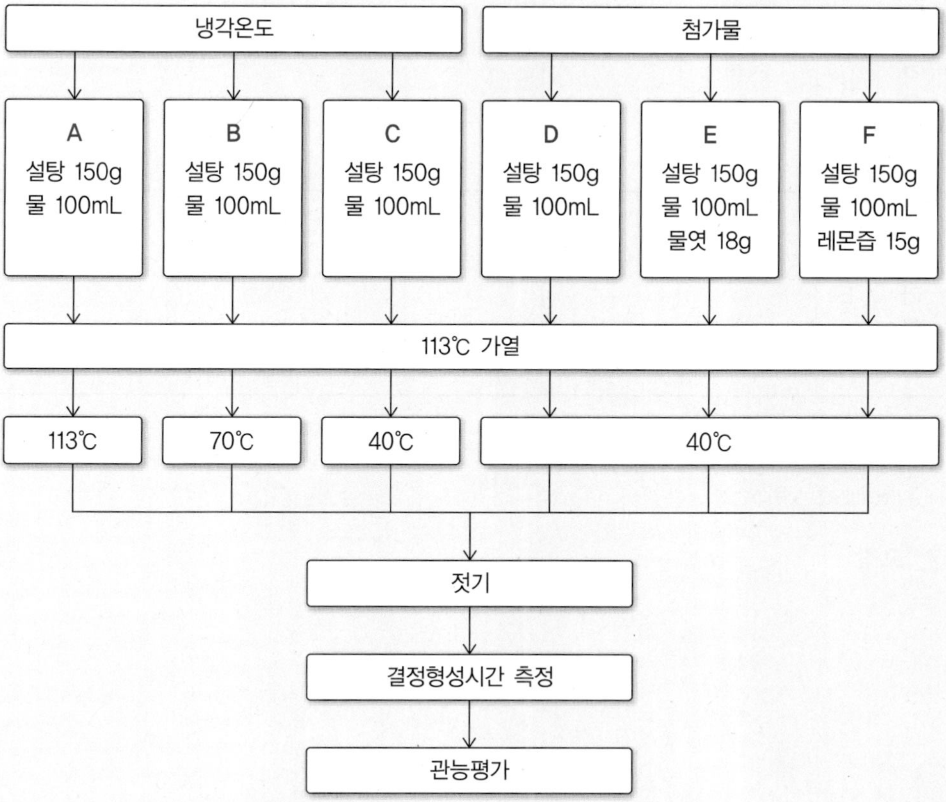

6. 실험결과

시료		결정화 소요시간 (분)	결정의 크기[1)]	결정의 색[2)]	결정의 단단한 정도[3)]	결정의 매끄러운 정도[4)]	기호도[5)]
냉각온도	A						
	B						
	C						
첨가물	D						
	E						
	F						

1), 2) 묘사법
3) 순위척도법(단단한 것부터)
4) 순위척도법(매끄러운 것부터)
5) 순위척도법(좋은 것부터)

7. 고찰

실험 3 · 가열온도와 재료배합에 따른 캐러멜 실험

1. 실험목적

비결정형 캔디인 캐러멜 제조 시 가열온도와 첨가되는 재료의 배합이 캐러멜 품질에 미치는 영향을 알아본다.

2. 실험재료

설탕 900g, 우유 1.2L, 물엿 870g, 버터 78g, 생크림 270mL, 초콜릿 30g
물 300mL

3. 실험기구 및 기기

메스실린더, 피펫, 저울, 온도계, 조리기구

4. 실험방법

❶ 가열 초기에는 다음과 같은 재료가 잘 섞이도록 저어 주고, 혼합물이 걸쭉해지면 가끔씩 저어 주며, 가열이 끝날 때까지는 바닥에 눋지 않을 정도로 저어 준다.

가. 가열온도에 따른 캐러멜 실험

A : 설탕 150g, 우유 300mL, 물엿 145g, 버터 13g, 가열온도 115℃
B : 설탕 150g, 우유 300mL, 물엿 145g, 버터 13g, 가열온도 121℃

나. 재료배합에 따른 캐러멜 실험

C : 설탕 150g, 우유 300mL, 물엿 145g, 버터 13g
D : 설탕 150g, 물 300mL, 물엿 145g, 버터 13g
E : 설탕 150g, 생크림 270mL, 물엿 145g, 버터 13g
F : 설탕 150g, 우유 300mL, 물엿 145g, 버터 13g, 초콜릿 30g

❷ 가열온도에 따른 캐러멜 실험의 시료는 각 해당온도에 도달하면 불을 끄고, 재료배합에 따른 캐러멜 실험의 시료는 121℃에 도달하면 불을 끈다.

❸ 각 시료는 접시에 부어 식힌다.

❹ 중간 정도로 굳었을 때 사각형으로 자른 후 색, 단단한 정도, 입안에서의 매끄러움, 기호도를 평가한다.

5. Flow Chart

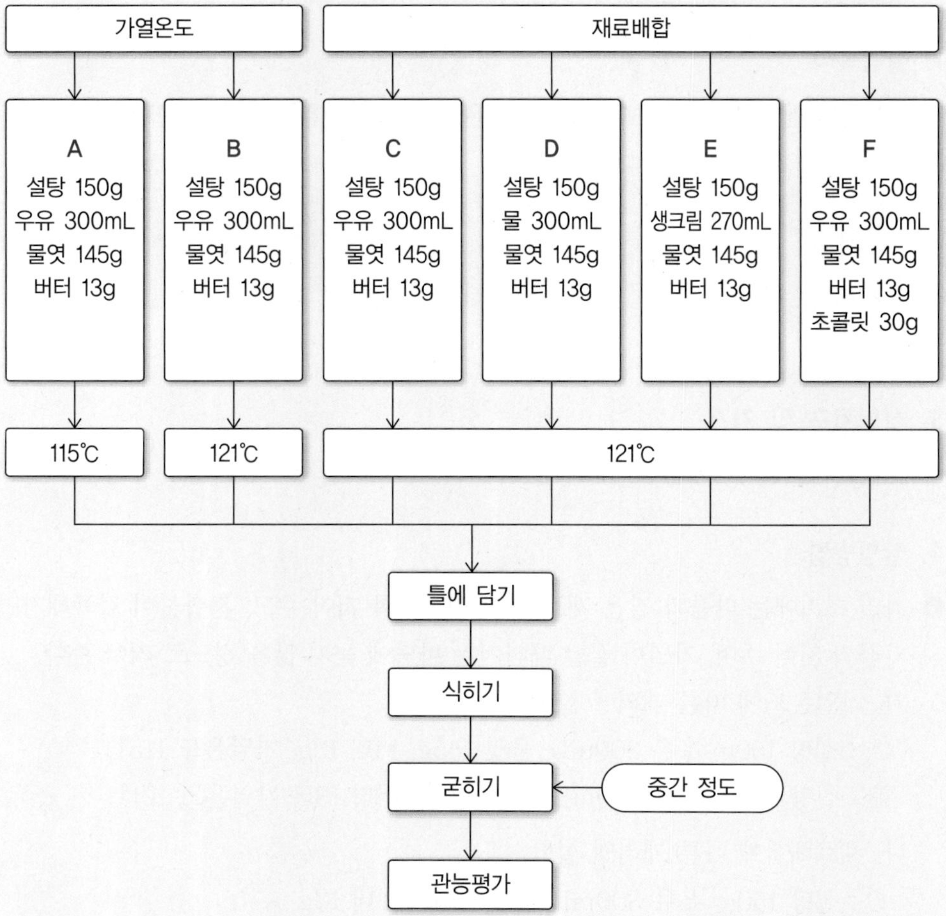

가열온도
재료배합
A
설탕 150g
우유 300mL
물엿 145g
버터 13g
B
설탕 150g
우유 300mL
물엿 145g
버터 13g
C
설탕 150g
우유 300mL
물엿 145g
버터 13g
D
설탕 150g
물 300mL
물엿 145g
버터 13g
E
설탕 150g
생크림 270mL
물엿 145g
버터 13g
F
설탕 150g
우유 300mL
물엿 145g
버터 13g
초콜릿 30g
115℃
121℃
121℃
틀에 담기
식히기
굳히기
중간 정도
관능평가

6. 실험결과

시료		색[1]	단단한 정도[2]	입안에서의 매끄러움[3]	기호도[4]
가열 온도	A				
	B				
재료배합	C				
	D				
	E				
	F				

1) 묘사법
2) 순위척도법(단단한 것부터)
3) 순위척도법(매끄러운 것부터)
4) 순위척도법(좋은 것부터)

7. 고찰

실험 4 · 브리틀의 제조 실험

1. 실험목적

중조의 첨가 여부가 비결정형 캔디인 브리틀의 특성에 미치는 영향을 알아봄으로써 브리틀의 제조방법을 이해한다.

2. 실험재료

설탕 300g, 물엿 290g, 중조 3g

3. 실험기구 및 기기

저울, 온도계, 조리기구

4. 실험방법

❶ 냄비에 설탕 150g과 물엿 145g을 넣고 약한 불에서 녹인 다음 불을 강하게 하여 143℃까지 끓인다. 불에서 내리면서 중조 3g을 첨가하고 잘 섞는다(A).

❷ ❶과 같은 방법으로 하되 중조를 첨가하지 않는다(B).

❸ 물을 바른 팬에 얇고 고르게 퍼지도록 붓는다.

❹ 식으면 가장자리를 들어서 늘인 다음 사각형으로 자른다.

❺ 브리틀의 형태, 경도, 질감, 맛, 기호도를 평가한다.

5. Flow Chart

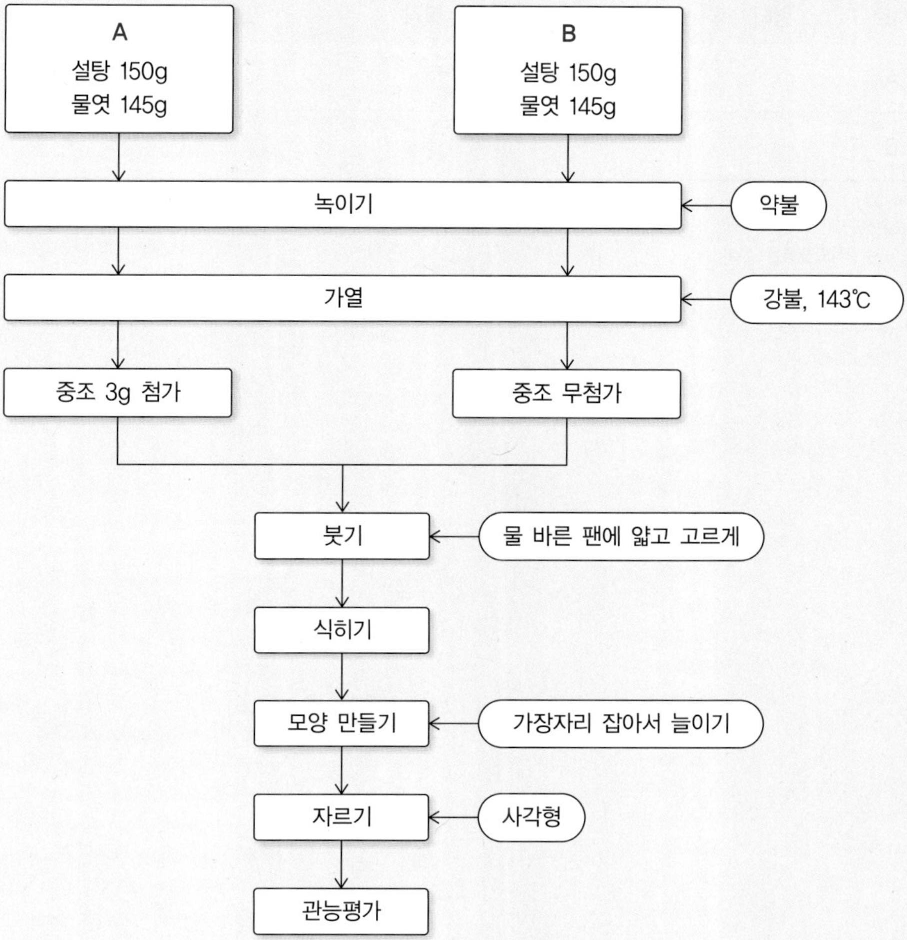
A
설탕 150g
물엿 145g
B
설탕 150g
물엿 145g
녹이기
약불
가열
강불, 143℃
중조 3g 첨가
중조 무첨가
붓기
물 바른 팬에 얇고 고르게
식히기
모양 만들기
가장자리 잡아서 늘이기
자르기
사각형
관능평가

6. 실험결과

시료	형태[1)]	경도[2)]	질감[3)]	맛[4)]	기호도[5)]
A					
B					

1) 묘사법
2) 순위척도법(단단한 것부터)
3)~5) 순위척도법(좋은 것부터)

7. 고찰

CHAPTER

06

두류의 조리

01 두류의 구조

02 두류의 성분

03 두류의 조리성

실험 1 첨가물질에 의한 콩의 연화

실험 2 조리방법에 따른 콩자반의 품질 비교

실험 3 응고제를 달리한 두부 실험

실험 4 두부의 조리방법에 의한 연화도

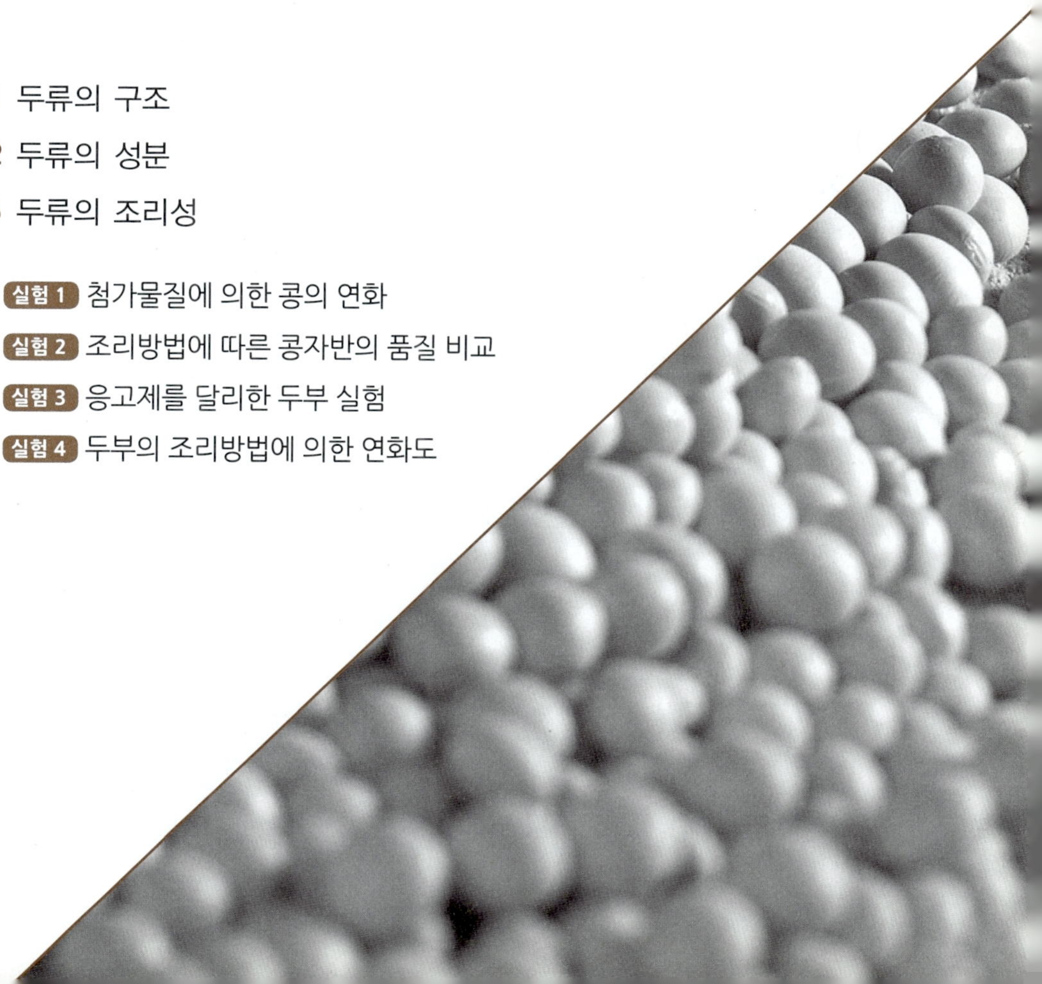

1. 두류의 구조

두류의 종자 구조는 종피, 배아, 자엽 부분으로 나누어져 있다. 자엽은 가식부로서 전체의 88~90% 정도를 차지하고 있으며 대부분의 영양분을 저장하는 저장소이다. 배아는 발아·성장하는 곳으로 약 2.5%를 차지하며 콩의 종피를 제거할 때 쉽게 자엽에서 떨어져 나간다. 종피는 전체의 약 9%를 차지한다.

2. 두류의 성분

대두는 단백질 35%, 지질 20%, 탄수화물 30% 정도를 함유하고 있고, 탄수화물은 주로 단당류와 올리고당으로 전분을 함유하고 있지 않다. 이에 비해 팥은 지질이 약 1% 내외로 적지만 단백질은 20%, 탄수화물은 50~70%로 풍부하고 탄수화물의 대부분은 전분이다.

이러한 성분상의 차이로 인해 대두는 다양한 가공식품에 이용되고 있고 그 밖의 두류는 삶거나 고물로 이용되고 있다.

3. 두류의 조리성

(1) 흡수성

팥 이외의 두류는 수온 20℃ 내외에서 5~7시간 동안은 수분 흡수가 빠르고 그 후는 천천히 흡수되다가 약 20시간 후에 거의 포화상태에 이르러 본래 콩 무게의 90% 이상의 물을 흡수하게 된다.

한편 팥은 표피가 단단하여 표피 전체로 물을 흡수하는 대두와 달리 표피의 작은 구멍을 통해 흡수가 일어나 장시간 물에 담가 두어도 물이 잘 흡수되지 않으므로 물에 불리지 않고 직접 가열한다.

(2) 연화성

대두를 담근 물에 0.3%의 중조를 첨가하면 흡수성이 증가하게 된다. 이는 알칼리성인 중조가 콩의 섬유질과 펙틴질을 연화하고 팽윤시키는 작용을 하여 껍질 내부를 한층 더 연하게 하기 때문이다. 그러나 중조를 너무 많이 사용하면 맛이 나빠질 뿐 아니라 알칼리에 약한 비타민 B_1이 파괴되므로 주의할 필요가 있다.

또한 대두는 1% 전후의 소금물에도 쉽게 연화되는데 이는 대두 단백질인 글리시닌이 염 용액에 용해되기 때문이다.

(3) 가열

대두를 가열하면 대두 단백질의 펩티드 결합이 풀려서 단백질 분해효소가 단백질 분자의 내부 구조까지 들어가기 쉽게 되므로 소화성이 높아진다.

또한 날콩 속에 함유되어 있는 트립신 저해물질이나 적혈구 응집소 등의 기능이 상실됨에 따라 단백질의 이용률이 증가된다.

콩자반을 할 때 삶은 콩에 간장과 설탕을 먼저 넣어 끓이면 삼투압이 높아져서 껍질만 팽창하고 내부는 수축하기 때문에 껍질에 주름이 생기고 딱딱해진다. 따라서 콩을 불린 후 물을 넣고 가열하여 어느 정도 부드러워진 다음 간장과 설탕을 넣는데 한꺼번에 넣지 말고 여러 번으로 나누어서 넣으면 주름이 생기는 것을 방지할 수 있다.

(4) 응고성

대두 단백질인 글리시닌과 레구멜린은 대두를 마쇄하여 물로 추출하면 약 90%까지 용출된다. 이들 단백질은 등전점인 pH 4~5 정도에서 침전하게 되며 칼슘염이나 마그네슘과 같은 염류를 응고제로서 소량 넣으면 염석효과에 의해 응고하게 된다. 이와 같은 응고성을 이용한 식품이 두부이다.

(5) 기포성

대두와 팥에는 사포닌이 0.3~0.5% 함유되어 있는데 사포닌은 기포성이 있어 삶을 때 거품이 생기고 장을 자극하여 설사의 원인이 된다.

팥을 삶을 때에는 깨끗이 씻어 한 번 끓인 후 그 물을 버려 과잉의 사포닌을 제거하는 것이 좋다. 물을 붓고 푹 끓여 물이 줄어들면 다시 물을 붓고 약불로 조절하여 무르도록 끓인다.

실험 1 · 첨가물질에 의한 콩의 연화

1. 실험목적

콩이 산성, 중성, 알칼리성의 물에서 연화되는 정도를 비교하여 콩을 부드럽게 조리하는 방법을 이해한다.

2. 실험재료

콩 80g, 소금 3g, 중조 1g, 식초 15mL, 물 800mL

3. 실험기구 및 기기

메스실린더, 피펫, 저울, 타이머, pH 측정기, 체, 조리기구

4. 실험방법

❶ 콩은 20g씩 4그룹으로 준비하여 하루 전에 불려서 물기를 제거한다.

❷ 시료용액은 다음과 같이 만들어서 pH를 측정한다.

A : 물(물 200mL)
B : 소금용액(물 200mL + 소금 3g)
C : 중조용액(물 200mL + 중조 1g)
D : 식초용액(물 200mL + 식초 15mL)

❸ 시료용액에 불린 콩을 각각 넣고 15분 정도 끓인다.

❹ 끓인 콩을 체에 건져서 식힌 다음 연화 정도를 평가한다.

5. Flow Chart

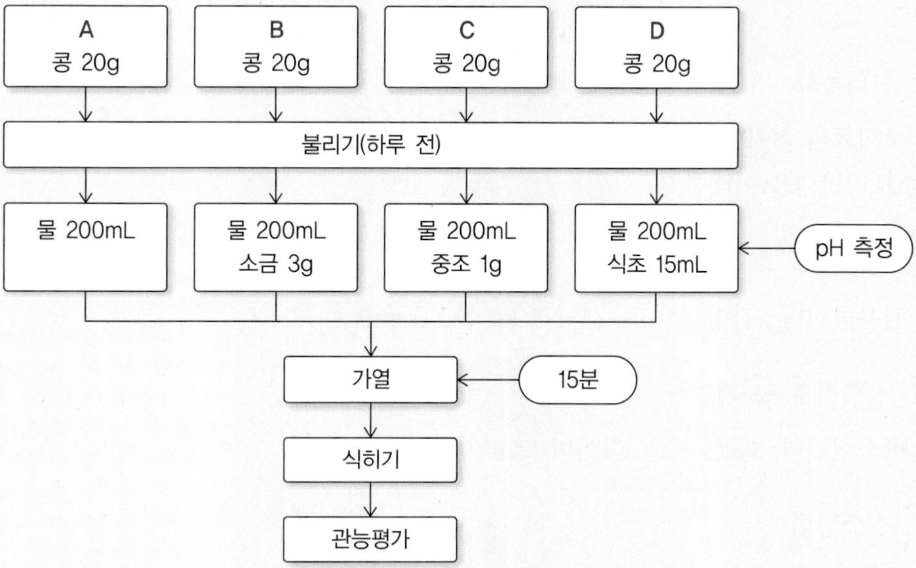

6. 실험결과

시료	조리수의 pH	연화 정도[1]
A		
B		
C		
D		

1) 순위척도법(연한 것부터)

7. 고찰

실험 2 · 조리방법에 따른 콩자반의 품질 비교

1. 실험목적

조미료의 첨가방법이 콩자반의 특성에 미치는 영향을 알아보고 바람직한 콩자반의 조리방법을 이해한다.

2. 실험재료

검은콩 40g, 간장 34mL, 설탕 40g, 물 800mL

3. 실험기구 및 기기

메스실린더, 피펫, 저울, 타이머, 조리기구

4. 실험방법

❶ 검은콩 20g에 물 400mL를 넣고 20분간 끓이다가 간장 17mL와 설탕 20g을 넣고 10분간 끓인다(A).

❷ 재료의 분량은 ❶과 같이 하되 검은콩에 물, 간장, 설탕을 넣고 30분간 끓인다(B).

❸ 콩자반의 외관, 연화 정도, 맛, 기호도를 평가한다.

5. Flow Chart

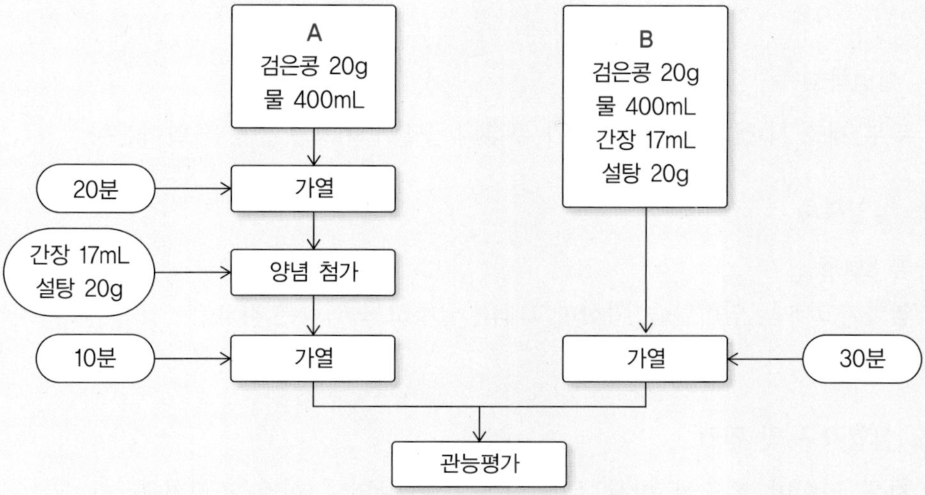

6. 실험결과

시료	외관[1]	연화 정도[2]	맛[3]	기호도[4]
A				
B				

1) 묘사법
2) 순위척도법(연한 것부터)
3), 4) 순위척도법(좋은 것부터)

7. 고찰

실험 3 · 응고제를 달리한 두부 실험

1. 실험목적

두부 제조 시 첨가하는 응고제가 두부의 품질에 미치는 영향을 알아본다.

2. 실험재료

콩 800g
염화마그네슘, 염화칼슘, 황산마그네슘, 글루코노-δ-락톤 각 4g
물 8L

3. 실험기구 및 기기

저울, 타이머, 온도계, 믹서, 두부 성형틀, 면 주머니, 헝겊, 조리기구

4. 실험방법

❶ 콩 200g에 물을 넣어 충분히 불린 다음 2L의 물을 넣고 곱게 간다. 간 콩을 약한 불에서 타지 않도록 주걱으로 저으면서 15분간 가열한 다음 면 주머니로 여과하여 콩물과 비지로 분리한다. 콩물을 70~80℃로 식힌 후 염화마그네슘 4g을 소량의 물에 녹여 2~3회 나누어 서서히 첨가하면서 나무주걱으로 조심스럽게 1~2회 섞어 주고 방치한다(A).

❷ ❶의 방법대로 하되 응고제를 염화칼슘으로 한다(B).

❸ ❶의 방법대로 하되 응고제를 황산마그네슘으로 한다(C).

❹ ❶의 방법대로 하되 응고제를 글루코노-δ-락톤으로 한다(D).

❺ 응고물이 형성되면 헝겊을 깐 성형틀에 붓고 그 위에 헝겊을 덮은 다음 무거운 것을 올려놓아 성형시킨다.

❻ 두부가 성형되면 물기를 닦아 낸 후 두부의 무게를 재고 수율을 계산한다.

$$\text{수율(\%)} = \frac{\text{두부의 무게(g)}}{\text{콩의 무게(g)}} \times 100$$

❼ 두부의 절단면 형태, 경도, 맛, 기호도를 평가한다.

5. Flow Chart

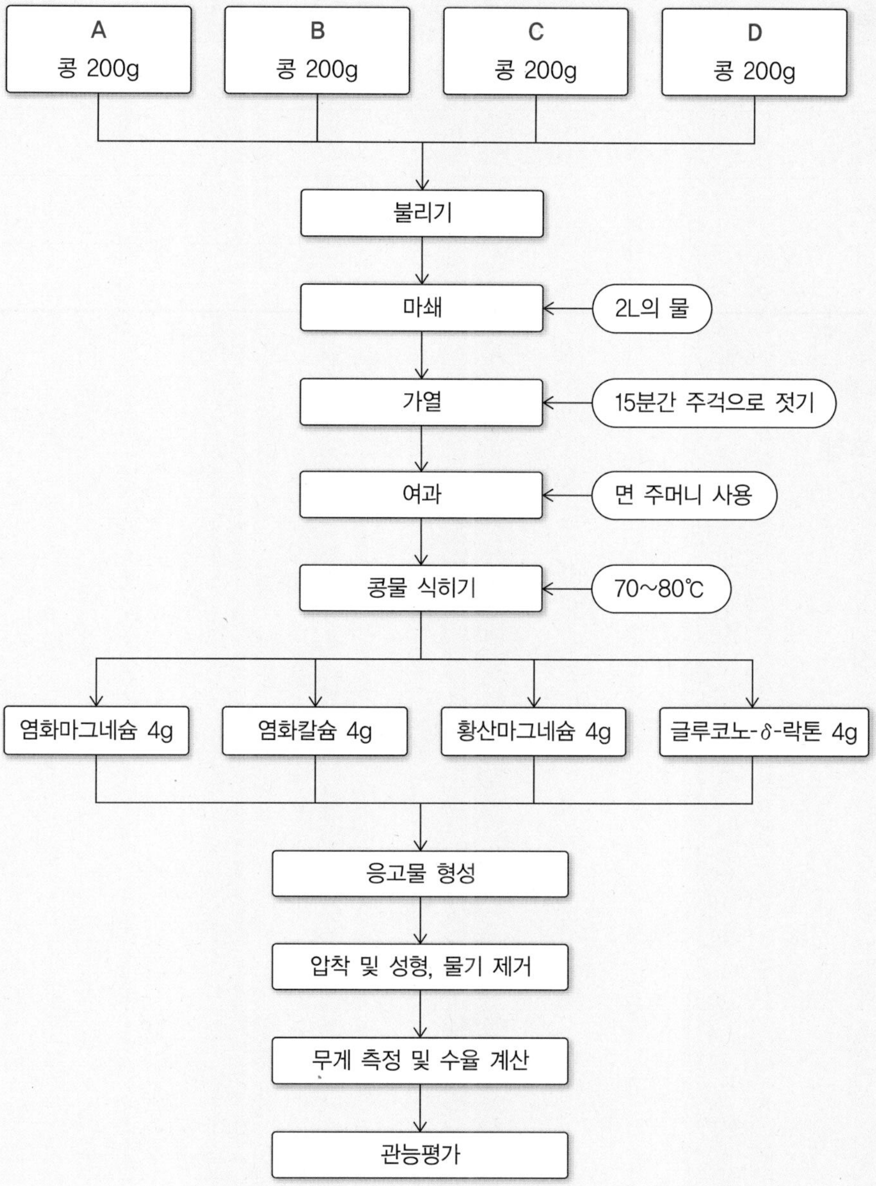
A
콩 200g
B
콩 200g
C
콩 200g
D
콩 200g
불리기
마쇄
2L의 물
가열
15분간 주걱으로 젓기
여과
면 주머니 사용
콩물 식히기
70~80℃
염화마그네슘 4g
염화칼슘 4g
황산마그네슘 4g
글루코노-δ-락톤 4g
응고물 형성
압착 및 성형, 물기 제거
무게 측정 및 수율 계산
관능평가

6. 실험결과

시료	수율(%)	절단면의 형태[1]	경도[2]	맛[3]	기호도[4]
A					
B					
C					
D					

1), 2) 묘사법
3) 순위척도법(고소한 것부터)
4) 순위척도법(좋은 것부터)

7. 고찰

실험 4 · 두부의 조리방법에 의한 연화도

1. 실험목적

두부 조리 시 첨가하는 물질이 두부의 질감 및 기공 형성에 어떠한 영향을 미치는지 알아본다.

2. 실험재료

두부 150g, 된장 68g, 전분 6g, 물 1.2L

3. 실험기구 및 기기

메스실린더, 피펫, 저울, 타이머, 조리기구

4. 실험방법

❶ 두부는 50g씩 3등분하여 사방 2cm 크기로 썬다.

❷ 시료는 다음과 같이 준비하여 끓인다.

A : 물 400mL

B : 물 400mL, 된장 34g

C : 물 400mL, 된장 34g, 전분 6g

❸ 시료용액이 끓을 때 두부를 넣고 7분간 가열한 다음 건져 낸다.

❹ 두부의 질감과 내부의 기공 형성 정도를 평가한다.

5. Flow Chart

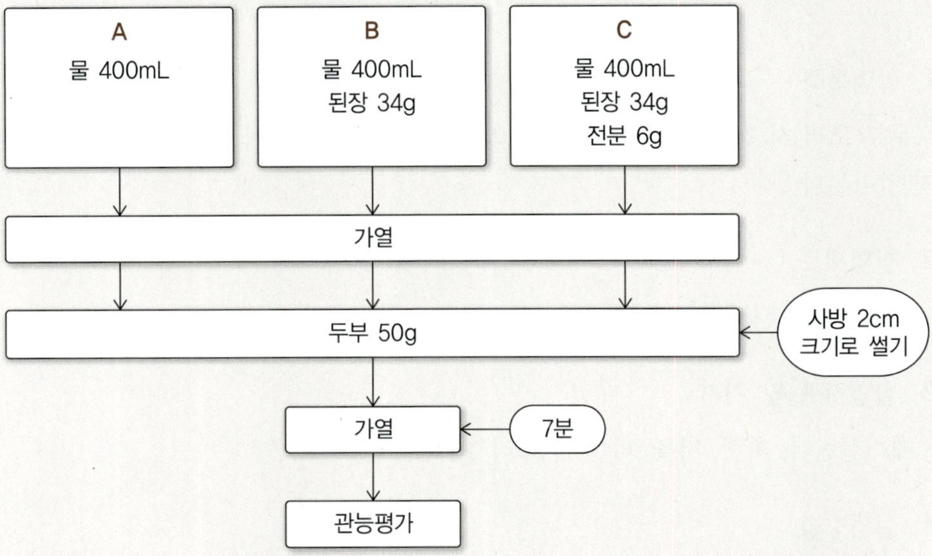

6. 실험결과

시료	질감[1]	내부의 기공 형성 정도[2]
A		
B		
C		

1) 순위척도법(부드러운 것부터)
2) 순위척도법(기공이 적은 것부터)

7. 고찰

CHAPTER

07

육류의 조리

01 육류의 구조

02 육류의 성분

03 육류의 사후경직과 숙성

04 육류의 조리 중 변화

05 육류의 조리법

실험 1 조리방법에 따른 고기와 육수의 변화

실험 2 가열시간에 따른 스테이크 실험

실험 3 연화제 종류에 따른 고기의 연화

실험 4 조리방법과 고기부위에 따른 장조림의 품질 비교

실험 5 고기의 배합비율에 따른 햄버거 패티의 품질 특성

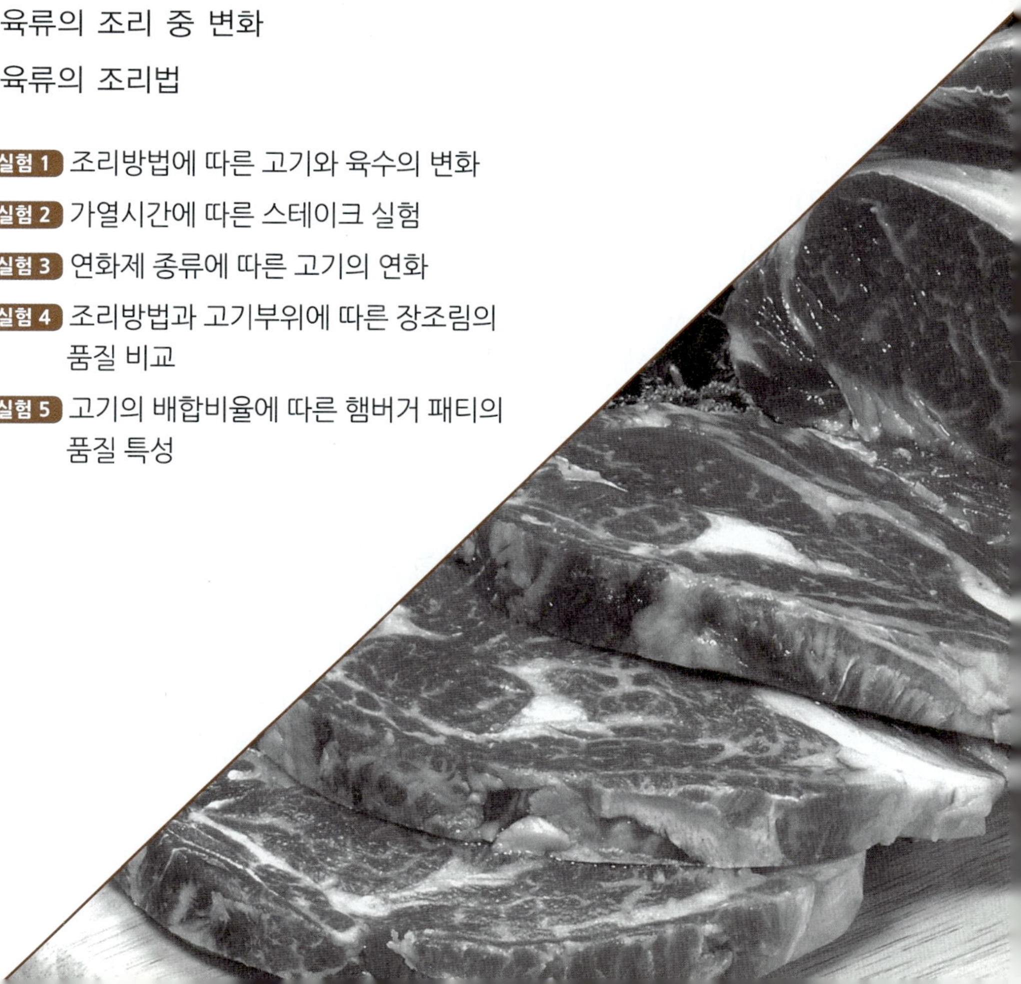

1. 육류의 구조

(1) 근육조직

근육조직은 동물조직의 약 30~40%를 차지하며 주요 식용 부분은 근육의 수축과 이완에 관여하는 골격근이다. 근육조직은 미오신과 액틴을 기본으로 하는 단백질 분자들이 화합하여 근원섬유를 만든다. 약 2,000개의 근원섬유는 긴 원통 모양의 근섬유를 형성하고 근섬유는 다시 근육을 만들어 힘줄에 의해 뼈에 부착된다. 근육조직은 연령이 낮을수록, 운동량이 적을수록 연하며 등심, 안심 부위의 고기가 연하다.

(2) 결합조직

결합조직은 근육이나 지방조직을 둘러싸고 있는 얇은 막, 근육이나 내장기관 등의 위치를 고정하고 다른 조직과 결합하는 힘줄 등을 말한다. 결합조직에는 콜라겐과 엘라스틴이 있다. 콜라겐은 65℃ 이상 가열하면 물에 녹게 되어 젤라틴으로 분산되어 있다가 식으면 겔 상태가 된다. 족편, 전약, 도가니탕 등이 좋은 예이다. 결합조직은 연령이 많을수록, 운동량이 많을수록 질기다. 목심, 사태, 양지, 갈비 등의 부위가 결합조직이 많아서 습열조리에 적당하다.

(3) 지방조직

육류의 지방은 피하, 복부, 장기의 주위에 많이 분포되어 있으며 근육 내에 흰색 반점이 대리석 무늬 모양으로 분포되어 있는 지방조직을 근내지방(마블링)이라고 한다. 쇠고기의 안심이나 등심 부위에는 마블링이 잘 형성되어 있어 연하고 맛과 풍미가 좋으며 육질의 품질을 높여 준다.

(4) 골격

어린 동물의 뼈는 연하고 분홍색을 띠는 반면, 성숙된 동물의 뼈는 단단하고 희며 어린 뼈보다 맛 성분이 더 많이 우러나므로 탕이나 육수를 끓이는 데 적합하다. 뼈는 결합조직인 관절과 힘줄이 외부를 싸고 있어 이를 끓이면 콜라겐 성분이 많이 우러난다. 뼈는 찬물에 충분히 담가 핏물을 빼고 뜨거운 물로 한번 데친 후 찬 물을 부어 끓이면 뽀얀 국물을 얻을 수 있다. 사골(다리뼈), 도가니(무릎뼈), 등뼈, 꼬리뼈, 반골뼈(엉덩이뼈), 우족 등이 이용된다.

2. 육류의 성분

육류는 75%가 수분이며 나머지 고형물 중 대부분이 단백질이고, 지질, 비타민, 무기질 등을 함유하고 있다. 단백질은 미오신, 액틴과 같은 근원섬유상 단백질이 50%를 차지하고 있다. 지질은 90%가 중성지방이며, 지방의 함량은 돼지고기가 많고 쇠고기, 닭고기 순으로 적다. 비타민은 비타민 $B_1 \cdot B_2$, 나이아신 등 비타민 복합체가 있으며, 비타민 B_1은 돼지고기에 많이 함유되어 있다. 무기질은 약 1% 정도 함유되어 있으며 특히 철분은 헴철로 채소에 포함되어 있는 비헴철보다 약 10배 정도 흡수가 잘 된다.

3. 육류의 사후경직과 숙성

(1) 사후경직

동물은 도살 직후 근육의 pH가 7.0~7.4이지만 혐기적 해당작용으로 생성된 젖산과 ATP 분해효소의 작용으로 생성된 인산으로 인해 근육의 pH가 6.5 이하가 된다. 또한 ATPase가 활성화되어 ATP가 신속하게 분해되면서 ATP와 결합하고 있던 미오신은 액틴과 결합하여 액토미오신이 되면서 경직상태가 된다. 이를 사후경직이라 하며 근육이 질기고 단단하며 보수성이 저하되어 맛이 없다.

(2) 숙성

근육은 pH 5.5 정도에서 최대 사후경직이 일어나며 근육의 젖산 생성이 정지된다. 이와 동시에 근육 내의 단백질 분해효소가 활성화되면서 자기소화가 일어나 근육이 연해지고 유리 아미노산과 올리고펩타이드의 생성으로 맛과 풍미가 좋아지며 보수성도 증가하게 된다. 이러한 과정을 숙성이라고 한다.

4. 육류의 조리 중 변화

(1) 가열

1) 수분의 변화

고기에 들어 있는 대부분의 수분은 유리수로 존재한다. 고기를 가열하면 단백질이 응고되면서 조직이 수축하여 유리수로 존재하는 수분이 빠져나오고 지방도 빠져나오게 된다. 결국 고기를 조리하면 수분과 지방의 손실로 중량이 감소된다. 고기의 내부온도가 높으면 수분의 손실이 커서 중량과 크기가 많이 감소하므로 고기는 낮은 온도로 가열하여 육즙의 손실을 줄이는 것이 바람직하다.

2) 근육 및 결합조직의 변화

육류의 단백질은 가열에 의해 변성되므로 고기의 질긴 정도에 영향을 준다. 근육조직은 가열할수록 수축되고 질겨지지만, 결합조직 중 콜라겐은 65℃에서 분해가 시작되어 80℃에서는 젤라틴으로 변하면서 부드러워진다. 육류를 가열할 때는 결합조직의 젤라틴화가 충분히 일어나면서도 근육조직의 수축현상이 많이 나타나지 않도록 가열온도와 시간을 고려해야 한다.

3) 색의 변화

육류의 색소 성분은 적색을 띠는 미오글로빈과 헤모글로빈이며 이들은 글로빈이라는 단백질에 붉은색을 내는 헴이 결합된 색소단백질이다. 육류를 가열하면 글로빈이 변성되고 헴 색소가 헤마틴으로 산화되면서 회갈색이 된다.

(2) 연화

육류는 근육이 두껍고 결합조직이 많을수록 질기므로 다양한 연화방법을 통해 부드러운 조직을 만들 수 있다.

표 7-1 육류의 연화방법

방법	내용
효소 첨가	육류의 주성분은 단백질이므로 단백질 분해효소를 사용하면 육류의 연화에 효과가 있다. 단백질 분해효소로 사용되는 것은 배의 프로테아제, 파파야의 파파인, 파인애플의 브로멜라인, 무화과의 피신, 키위의 액티니딘 등이 있다.
산 첨가	육류에 산성의 과즙, 레몬, 토마토 등을 사용하면 단백질의 수화 능력이 증가하여 연화효과가 있지만 산을 너무 많이 첨가하면 오히려 질겨질 수 있다.
염 첨가	육류에 간장이나 소금을 첨가하면 연해지는데 이는 염이 근섬유와 접촉되는 부분을 분해시켜 단백질의 수화 능력을 증가시키기 때문이다. 염을 너무 많이 첨가하면 육류의 탈수현상이 일어나서 질겨질 수 있다.
당 첨가	육류에 설탕, 꿀, 양파즙, 배즙 등을 넣으면 당이 물을 보유하는 성질 즉 보수성을 증가시키고, 단백질의 열 응고를 지연시키는 효과로 인해 육류를 연화시킨다. 육류에 당을 너무 많이 첨가하면 탈수 작용으로 인해 질겨진다.
기계적 방법	육류를 칼로 잘게 썰거나 다지는 방법, 망치로 두드리는 방법, 기계로 얇게 써는 방법 등은 근섬유를 끊어 주어 연하게 한다. 육류를 칼로 썰 때는 근섬유 길이 방향(고깃결)의 직각 방향으로 해야 근섬유가 연해진다.
조리에 의한 방법	결합조직이 많은 부위인 양지, 사태 등은 습열조리법으로 하고, 근섬유나 지방이 발달한 등심, 안심, 채끝 등은 건열조리법을 사용하면 조직이 연해진다.

5. 육류의 조리법

(1) 습열조리법

습열조리법은 고기에 물을 넣고 가열하거나 수증기로 찌는 방법으로서 결합조직이 많은 양지, 사태, 갈비 등의 조리에 적합하다.

1) 탕

탕에 사용되는 부위는 결합조직이 많은 양지, 사태, 꼬리, 사골, 우족 등이다. 탕은 육류의 수용성 단백질과 맛 성분이 충분히 우러나와 국물이 맛있어야 되므로, 찬 물에서부터 끓여야 하며 콜라겐이 젤라틴으로 될 때까지 중불에서 오랫동안 끓인다. 소량의 소금을 넣고 끓이면 단백질의 용출을 도와 국물의 맛을 향상시킨다.

2) 찜

찜은 결합조직이 많은 사태, 꼬리 등의 질긴 부위를 이용하며 소량의 물에 고기를 먼저 익힌 다음 채소와 양념을 넣어 중불에서 충분히 끓인다. 너무 오래 끓이면 콜라겐이 지나치게 분해되어 조직이 매우 연해져서 씹는 맛이 없어진다.

3) 장조림

장조림에 이용되는 부위는 결합조직이 적은 홍두깨살, 우둔 등이며 근섬유조직이 길어서 잘 찢어지는 장점이 있다. 장조림은 국물보다 고기를 먹을 목적이므로 끓는 물에 고기를 넣고 단백질을 응고시킨 후 간장과 설탕을 넣어야 부드럽게 만들어진다. 간장과 설탕을 처음부터 넣으면 고기의 수분이 탈수되어 단단하고 질겨지게 된다.

4) 편육

편육은 지방이 적고 결합조직과 근육조직이 있는 양지, 사태, 쇠머리 등을 사용하여 만든다. 편육은 국물보다 고기를 먹을 목적이므로 끓는 물에 고기를 넣어야 표면이 응고되어 맛 성분이 유출되지 않는다. 삶은 고기는 뜨거울 때 눌러 놓아야 결합조직이 치밀하게 결합되어 형태가 유지되며, 식은 후에는 고깃결과 직각 방향으로 얇게 썰어야 부드럽게 먹을 수 있다.

(2) 건열조리법

건열조리법은 물을 사용하지 않고 직접 또는 간접적으로 열을 가하여 조리하는 방법으로서 결합조직이 적고 마블링이 잘 되어 있는 등심, 안심, 채끝 등의 조리에 적합하다.

1) 구이

구이는 등심, 안심, 채끝 등의 부위를 이용하며, 숯불구이, 팬구이, 오븐구이 등이 있다. 구이는 열에 의하여 고기 표면의 단백질이 응고되어 내부 육즙의 용출이 적으며, 간장양념 시에는 캐러멜화가 되어 특유의 풍미와 맛이 있다.

불고기는 원래 너비아니로 불리던 것으로 기름기가 적고 연한 부위의 고기를 약간 두툼하게 썰어 앞뒤로 잔칼질을 한 후, 갖은 양념을 하여 석쇠에 물을 적신 창호지를 깔고 그 위에서 구웠다. 그러나 요즘은 조리법이 변형되어 불고기판을 불 위에 올려놓고 굽거나 프라이팬에 구워 먹는다.

스테이크는 고기를 오븐에 넣고 굽는 방법으로 가열 정도에 따라 레어(rare), 미디엄(medium), 웰던(well-done)으로 구분하여 조리한다.

표 7-2 가열 정도에 따른 스테이크의 특징

가열 정도	내부온도	관능특성		
		표면색	내부색	질감 및 육즙의 양
레어	60℃	엷은 회갈색	선명한 붉은색	부드럽고 육즙이 풍만함
미디엄	71℃	회갈색	연분홍색	육즙이 많으나 풍만하지는 않음
웰던	77℃	회갈색	회갈색	육즙이 적고 퍽퍽함

2) 볶기

볶기는 우둔이나 설도 등의 부위가 적당하며, 볶기 전에 팬을 뜨겁게 달구어 센 불에서 단시간에 볶아야 육즙이 빠져나가지 않고 고기 색도 좋아진다.

3) 튀기기

튀김은 고기를 160~190℃의 기름에 튀기는 방법으로 중불에서 서서히 튀긴 후 강불로 잠깐 튀겨야 바삭해진다.

실험 1 · 조리방법에 따른 고기와 육수의 변화

1. 실험목적

물의 온도와 가열시간이 고기와 육수에 미치는 영향을 알아본다.

2. 실험재료

양지 400g, 물 4L

3. 실험기구 및 기기

메스실린더, 피펫, 비커, 저울, 타이머, 온도계, 조리기구

4. 실험방법

❶ 양지 400g을 2등분하여 섬유와 직각 방향으로 2×2×2cm로 자른다.

❷ 시료는 다음과 같이 준비하여 처음에는 강한 불에서 끓이다가 중간 불로 줄여 90~95℃로 유지한다.

A : 양지 200g, 찬 물 2L

B : 양지 200g, 끓는 물 2L

❸ 각 시료의 가열시간이 20분(a, d)이 되면 고기와 육수를 꺼내어 비커에 담는다.

❹ 고기는 맛과 질감을 평가하고, 육수는 맛과 색을 평가한다.

❺ 각 시료의 가열시간이 40분(b, e), 60분(c, f)이 되면 ❸, ❹를 반복하여 실험한다.

5. Flow Chart

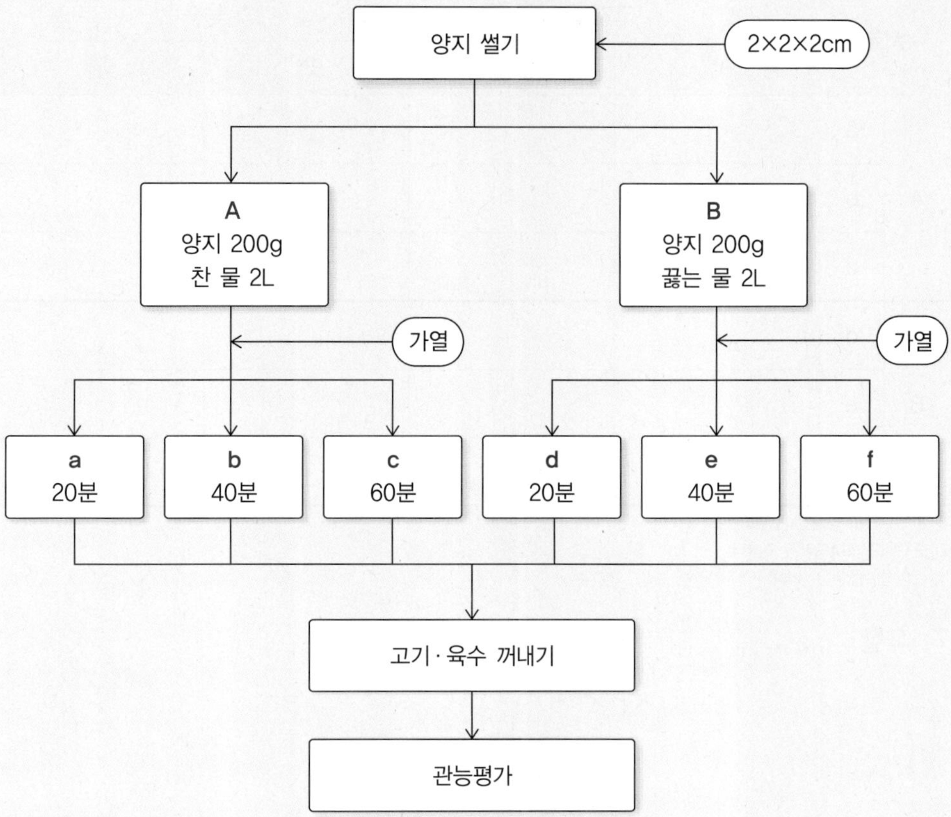
양지 썰기
2×2×2cm
A
양지 200g
찬 물 2L
B
양지 200g
끓는 물 2L
가열
가열
a
20분
b
40분
c
60분
d
20분
e
40분
f
60분
고기 · 육수 꺼내기
관능평가

6. 실험결과

시료		고기		육수	
		맛[1)]	질감[2)]	맛[3)]	색[4)]
A	a				
	b				
	c				
B	d				
	e				
	f				

1), 3) 순위척도법(좋은 것부터)

2) 순위척도법(부드러운 것부터)

4) 순위척도법(맑은 것부터)

7. 고찰

실험 2 · 가열시간에 따른 스테이크 실험

1. 실험목적

가열시간을 달리하여 구운 스테이크의 여러 가지 특성을 비교한다.

2. 실험재료

쇠고기 안심 300g
소금, 후추 각 약간

3. 실험기구 및 기기

저울, 타이머, 오븐용 팬, 오븐, 조리기구

4. 실험방법

❶ 쇠고기 300g을 100g씩 3그룹으로 나누어 소금과 후추를 뿌린다.
❷ 오븐을 200℃로 예열한 후 아래의 순서대로 굽는다.
A : 웰던으로 구울 고기를 넣는다.
B : 5분 후 미디엄으로 구울 고기를 넣는다.
C : 5분이 지난 후 레어로 구울 고기를 넣는다.
❸ 5분 후에 고기를 꺼내어 조리시간과 고기의 무게를 표에 기록한다.
❹ 고기의 중량 감소율은 다음과 같이 계산한다.

$$\text{중량 감소율(\%)} = \frac{\text{조리 전 무게(g)} - \text{조리 후 무게(g)}}{\text{조리 전 무게(g)}} \times 100$$

❺ 고기의 색, 질감(연한 정도, 보습 정도), 맛, 기호도를 평가한다.

5. Flow Chart

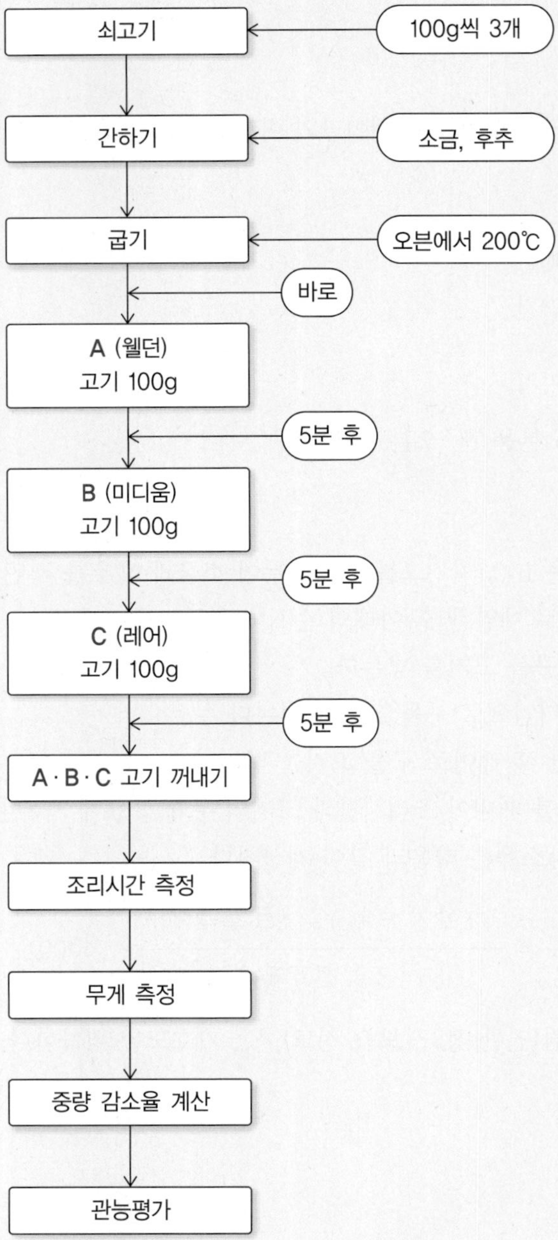
쇠고기
100g씩 3개
간하기
소금, 후추
굽기
오븐에서 200℃
바로
A (웰던)
고기 100g
5분 후
B (미디움)
고기 100g
5분 후
C (레어)
고기 100g
5분 후
A·B·C 고기 꺼내기
조리시간 측정
무게 측정
중량 감소율 계산
관능평가

6. 실험결과

시료	조리 시간 (분)	고기 무게(g)		중량 감소율 (%)	색[1]	질감		맛[4]	기호도[5]
		조리 전	조리 후			연한 정도[2]	보습 정도[3]		
A									
B									
C									

1) 묘사법
2) 순위척도법(연한 것부터)
3) 순위척도법(수분이 많은 것부터)
4), 5) 순위척도법(좋은 것부터)

7. 고찰

실험 3 · 연화제 종류에 따른 고기의 연화

1. 실험목적

육류 조리 시에 사용되는 각종 연화제가 고기의 연화에 미치는 효과를 알아본다.

2. 실험재료

쇠고기 400g
배즙, 키위즙, 파인애플즙 각 15mL
기본양념(간장 12mL, 설탕 3g, 참기름 약간, 후춧가루 약간) 각 4배

3. 실험기구 및 기기

메스실린더, 피펫, 저울, 타이머, 강판, 면포, 조리기구

4. 실험방법

❶ 쇠고기는 1cm 두께로 썰고 배, 키위, 파인애플은 강판에 갈아 면포로 짜서 즙을 준비한다.
❷ 쇠고기에 연화제를 다음과 같이 첨가하여 30분간 방치한 후 기본양념을 넣고 고루 주무른다.
A : 쇠고기 100g
B : 쇠고기 100g, 배즙 15mL
C : 쇠고기 100g, 키위즙 15mL
D : 쇠고기 100g, 파인애플즙 15mL
❸ 달군 팬에 각 시료를 넣고 중불에서 2~3분간 뒤집어 가면서 굽는다.
❹ 고기의 연한 정도, 맛, 기호도를 평가한다.

5. Flow Chart

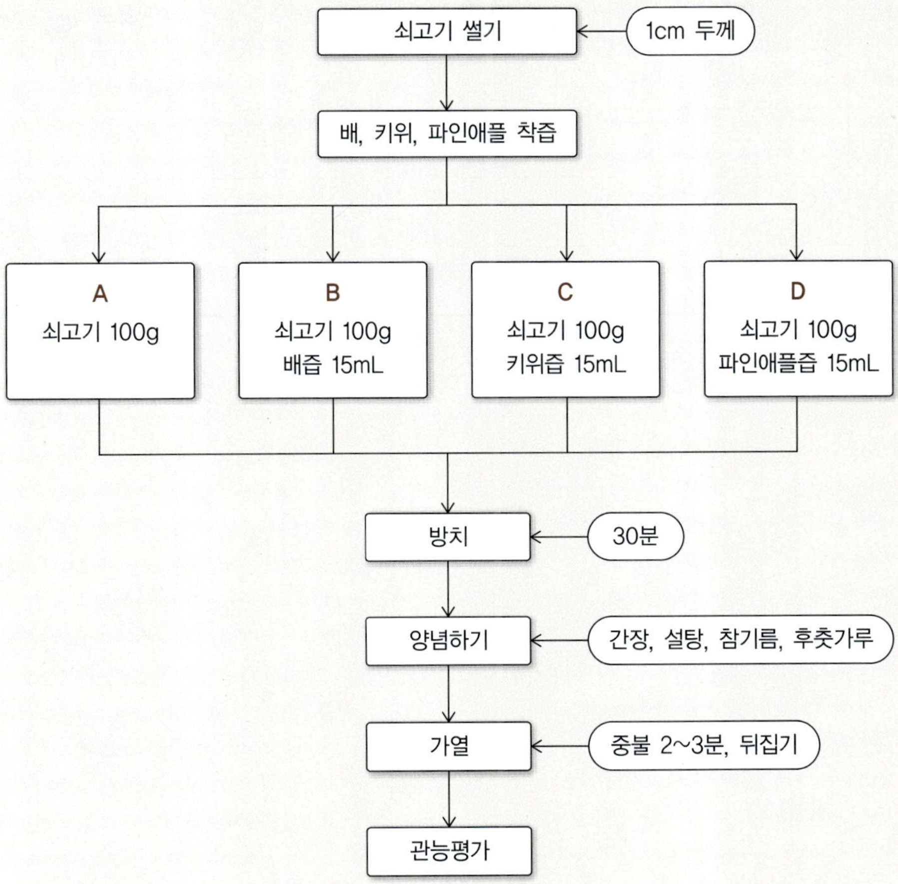
쇠고기 썰기
1cm 두께
배, 키위, 파인애플 착즙
A
쇠고기 100g
B
쇠고기 100g
배즙 15mL
C
쇠고기 100g
키위즙 15mL
D
쇠고기 100g
파인애플즙 15mL
방치
30분
양념하기
간장, 설탕, 참기름, 후춧가루
가열
중불 2~3분, 뒤집기
관능평가

6. 실험결과

시료	연한 정도[1]	맛[2]	기호도[3]
A			
B			
C			
D			

1) 순위척도법(연한 것부터)
2), 3) 순위척도법(좋은 것부터)

7. 고찰

실험 4 · 조리방법과 고기부위에 따른 장조림의 품질 비교

1. 실험목적

조리방법과 고기부위를 달리하여 제조한 장조림의 특성을 비교하여 품질 좋은 장조림의 최적조건을 이해한다.

2. 실험재료

홍두깨살 600g, 사태 200g, 등심 200g
간장 510mL, 설탕 135g, 물 3L

3. 실험기구 및 기기

메스실린더, 피펫, 저울, 타이머, 조리기구

4. 실험방법

❶ 쇠고기는 결 방향으로 길이 6cm, 넓이 4cm, 두께 2cm 정도의 크기로 썬다.

❷ 시료는 다음과 같이 준비한다.

가. 조리방법에 따른 장조림 실험

A : 찬 물 600mL에 홍두깨살 200g, 간장 102mL, 설탕 27g을 넣고 끓기 시작하면 약불로 40분간 조린다.

B : 찬 물 600mL에 홍두깨살 200g을 넣고 끓기 시작하면 중불로 30분간 가열한 후 간장 102mL, 설탕 27g을 넣고 약불로 10분간 조린다.

나. 고기부위에 따른 장조림 실험

C : 찬 물 600mL에 홍두깨살 200g을 넣고 끓기 시작하면 중불로 30분간 가열한 후 간장 102mL, 설탕 27g을 넣고 약불로 10분간 조린다.

D : C와 같은 방법으로 하되 고기부위를 사태로 한다.

E : C와 같은 방법으로 하되 고기부위를 등심으로 한다.

❸ 완성된 장조림은 식힌 후 0.5cm 두께로 썰어 색, 질감, 맛, 기호도를 평가한다.

5. Flow Chart

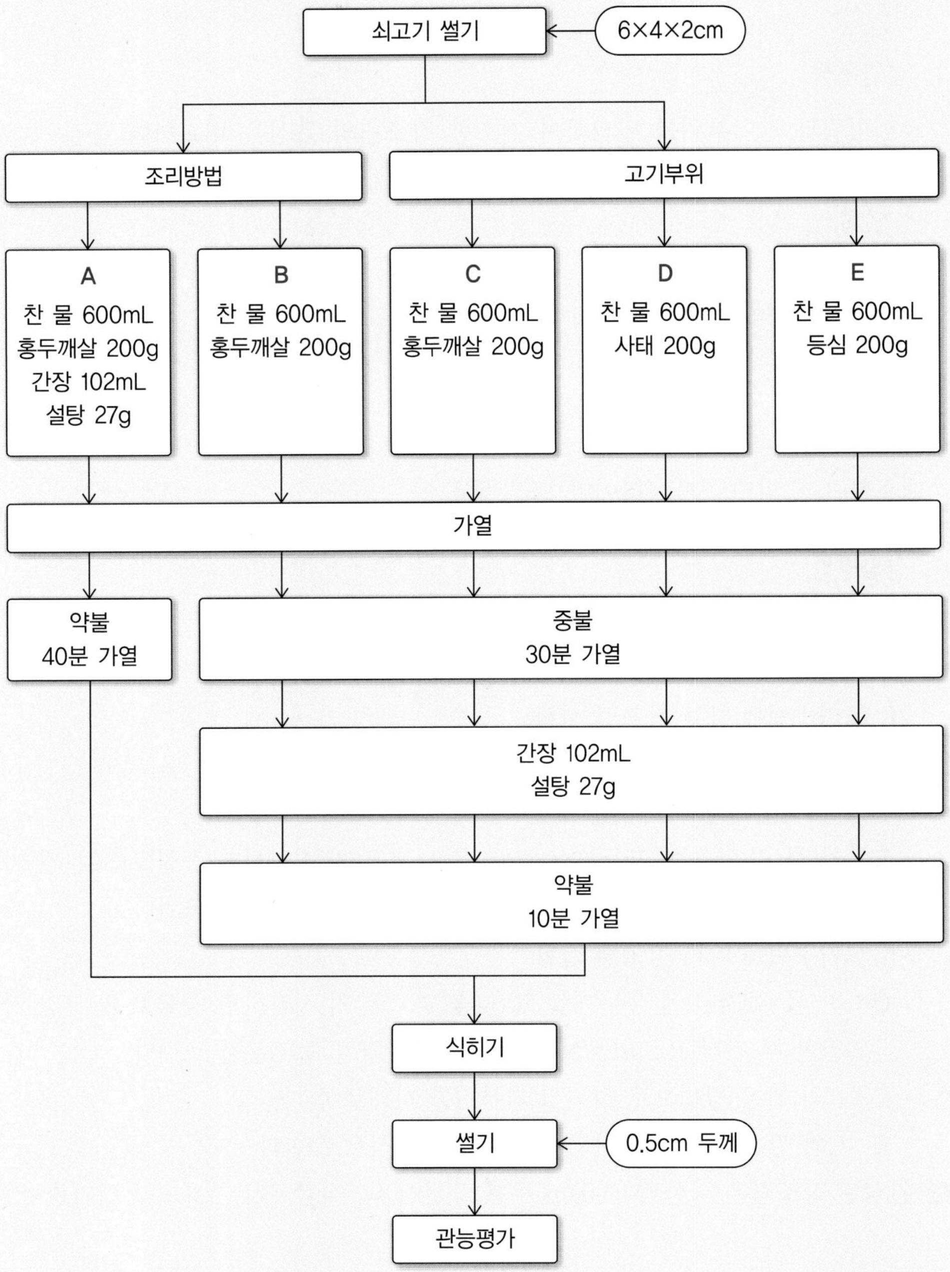
쇠고기 썰기
6×4×2cm
조리방법
고기부위
A
찬 물 600mL
홍두깨살 200g
간장 102mL
설탕 27g
B
찬 물 600mL
홍두깨살 200g
C
찬 물 600mL
홍두깨살 200g
D
찬 물 600mL
사태 200g
E
찬 물 600mL
등심 200g
가열
약불
40분 가열
중불
30분 가열
간장 102mL
설탕 27g
약불
10분 가열
식히기
썰기
0.5cm 두께
관능평가

6. 실험결과

시료		색[1)]	질감[2)]	맛[3)]	기호도[4)]
조리 방법	A				
	B				
고기 부위	C				
	D				
	E				

1) 묘사법
2) 순위척도법(부드러운 것부터)
3), 4) 순위척도법(좋은 것부터)

7. 고찰

실험 5 · 고기의 배합비율에 따른 햄버거 패티의 품질 특성

1. 실험목적

쇠고기와 돼지고기의 배합비율을 달리하여 만든 햄버거 패티의 품질을 비교하여 가장 적합한 배합비율에 대해 알아본다.

2. 실험재료

다진 쇠고기 150g, 다진 돼지고기 150g
양파 90g, 버터 9g, 식빵 45g, 우유 45mL, 달걀 36g, 소금 4.5g, 후추 소량
식용유 30mL

3. 실험기구 및 기기

메스실린더, 피펫, 저울, 타이머, 자, 조리기구

4. 실험방법

❶ 시료의 재료는 다음과 같이 준비한다.
A : 다진 쇠고기 100g, 양파 30g, 버터 3g, 식빵 15g, 우유 15mL, 달걀 12g, 소금 1.5g, 후추 소량
B : 다진 쇠고기 50g, 다진 돼지고기 50g, 부재료는 A와 동일
C : 다진 돼지고기 100g, 부재료는 A와 동일

❷ 다진 고기 재료에 소금을 넣고 70~80회 정도 치댄 후 나머지 재료를 넣고 20~30회 정도 더 치대어 혼합한다.

❸ 각 시료를 1cm 두께의 둥근 모양으로 만들어 무게, 두께, 직경을 측정한다.

❹ 식용유를 넣고 뜨겁게 달군 팬에 고기를 넣어 강한 불에서 표면이 노르스름해질 때까지 구운 후 약불에서 뚜껑을 덮고 3분간 구우면서 가열시간을 체크한다.

❺ 구운 시료의 무게, 두께, 직경을 측정한다.

❻ 완성된 햄버거 패티의 외관, 냄새, 질감, 기호도를 평가한다.

5. Flow Chart

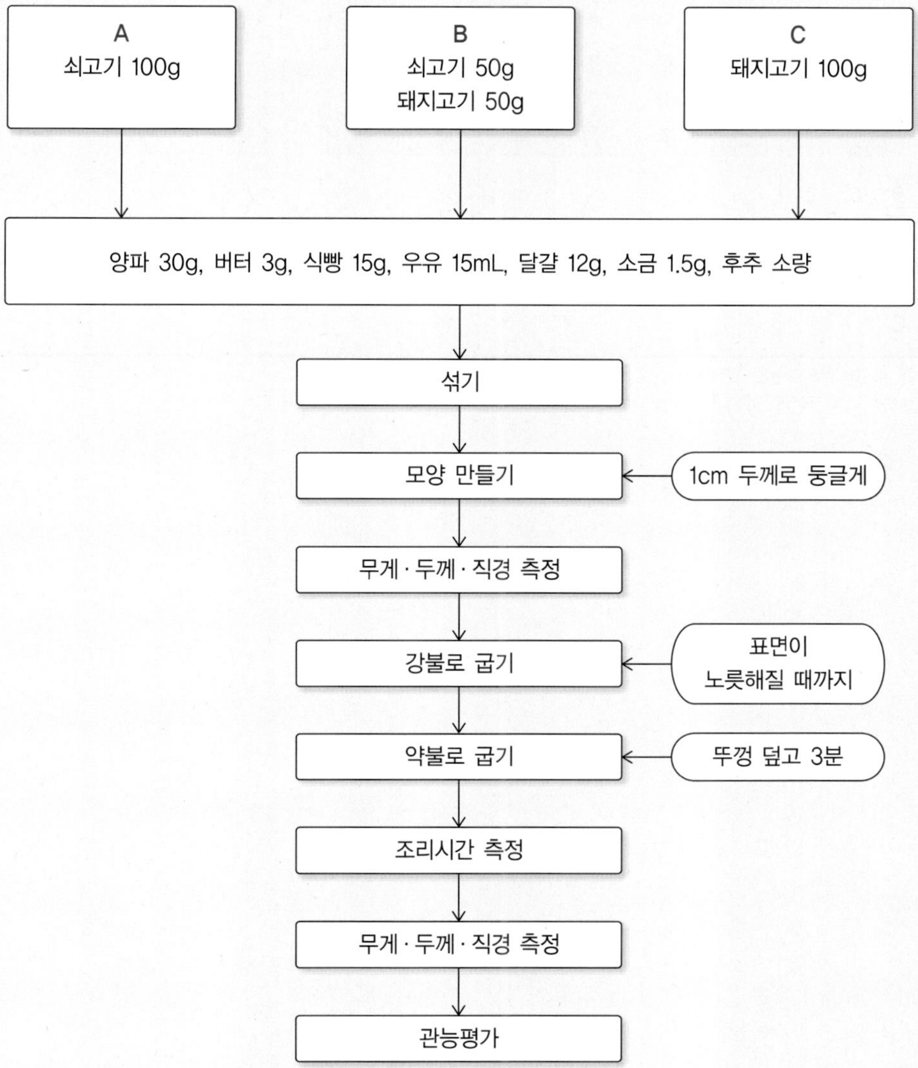
A
쇠고기 100g
B
쇠고기 50g
돼지고기 50g
C
돼지고기 100g
양파 30g, 버터 3g, 식빵 15g, 우유 15mL, 달걀 12g, 소금 1.5g, 후추 소량
섞기
모양 만들기
1cm 두께로 둥글게
무게 · 두께 · 직경 측정
강불로 굽기
표면이
노릇해질 때까지
약불로 굽기
뚜껑 덮고 3분
조리시간 측정
무게 · 두께 · 직경 측정
관능평가

6. 실험결과

시료	조리 시간 (분)	무게(g)		두께(cm)		직경(cm)		외관[1]	냄새[2]	질감[3]	기호도[4]
		조리 전	조리 후	조리 전	조리 후	조리 전	조리 후				
A											
B											
C											

1), 2), 4) 순위척도법(좋은 것부터)
3) 순위척도법(부드러운 것부터)

7. 고찰

CHAPTER

08

어패류의 조리

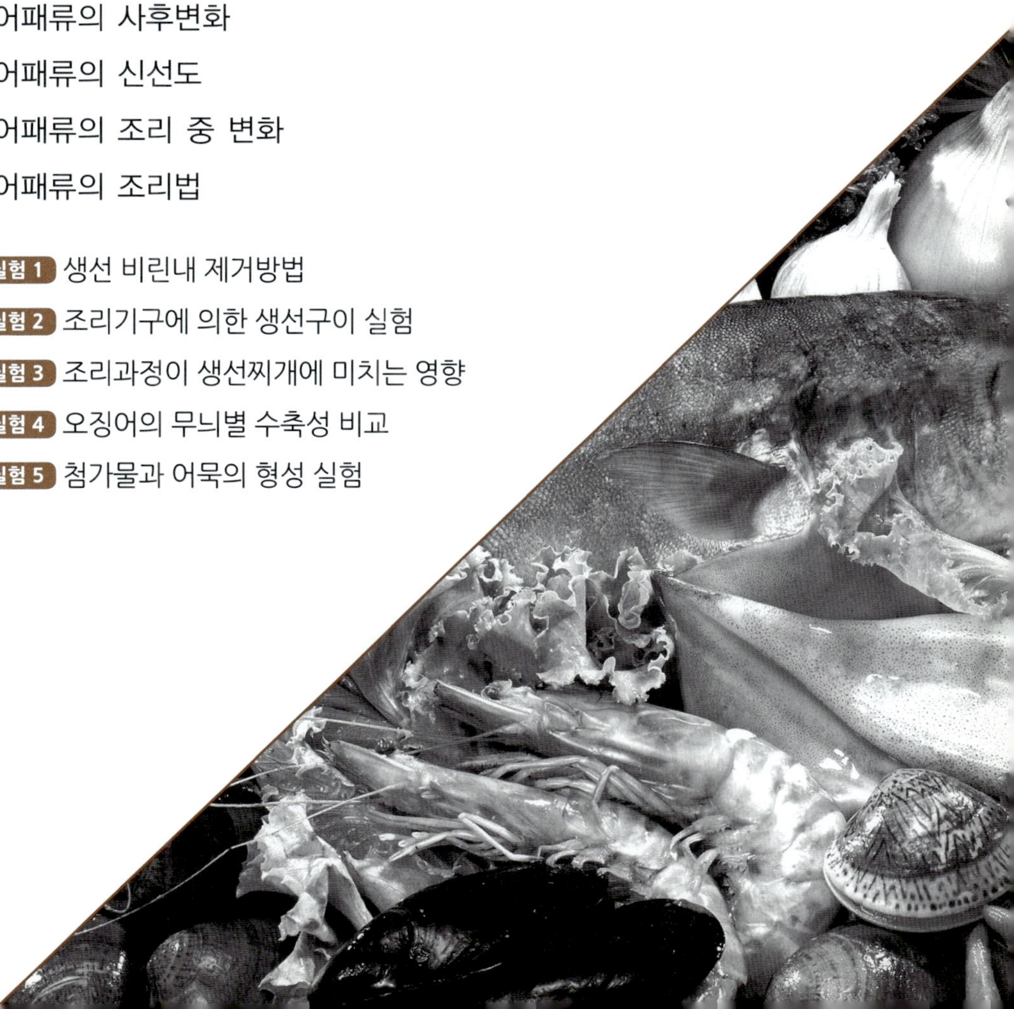

1. 어패류의 분류

어류는 바다에서 사는 해수어와 강, 호수, 저수지에서 사는 담수어로 나뉜다. 해수어는 지방 함량에 따라 지방이 5% 미만인 흰살생선과 지방이 5~20%인 붉은살생선으로 분류된다. 조개류에는 대합, 모시조개, 전복, 소라, 굴, 홍합, 가리비 등이 있으며 갑각류에는 게, 새우, 가재 등이 있다. 또한 연체류에는 낙지, 문어, 오징어, 한치 등이 있으며 극피류에는 성게, 미더덕, 해삼 등이 있다.

2. 어패류의 구조

어류는 머리, 몸체, 꼬리의 세 부분으로 나뉘며 표면은 피부와 비늘로 덮여 있다. 피부는 진피와 표피로 구성되는데 표피에는 점액선이 있어 생선 어취의 요인이 되고 있으며 진피에는 색소세포가 배열해 있어서 어류의 색을 나타낸다. 어류의 근육은 근섬유가 모인 다발로 이루어졌으며 근섬유의 길이는 짧고 결합조직의 함량이 적어서 육류에 비해 조직이 연하다.

조개류는 두 개의 단단한 껍질이 마주 닫히고 그 내부에 가식부의 근육이 있는 것과 한 개의 껍질만 있어 껍질이 없는 부분은 바위에 붙어서 가식부를 보호하는 것이 있다. 갑각류는 단단한 외피로 싸여 있고 마디가 있으며 머리, 가슴, 배의 세 부분으로 되어 있다. 연체류는 몸에 뼈가 없고 부드러우며 근육이 발달되어 있다.

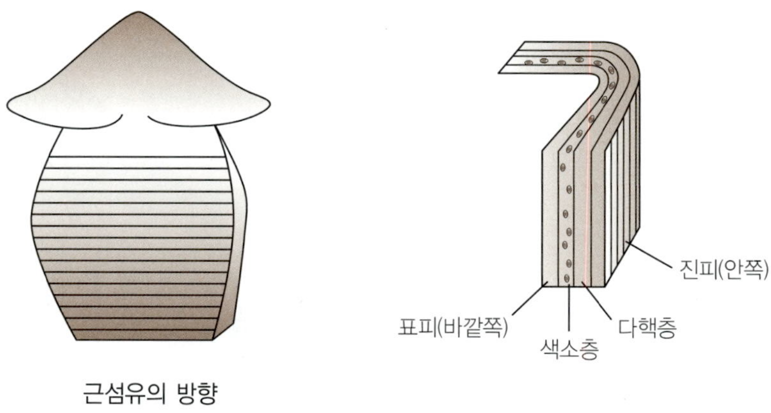

[그림 8-1] 오징어의 근육 구조

특히 오징어는 근섬유가 몸의 가로방향으로 평행하게 발달되어 있기 때문에 말린 오징어가 옆으로 잘 찢어진다. 또한 오징어는 바깥층부터 표피, 색소층, 다핵층, 진피의 4층으로 구성되어 있고 가장 안쪽의 진피만 섬유가 세로방향으로 되어 있다. 오징어 껍질을 제거할 때 보통 2~3층까지만 벗겨지므로 오징어를 가열하면 내장이 붙어 있던 안쪽이 바깥으로 나오면서 세로방향으로 강하게 말리게 된다. 이러한 성질을 이용하여 안쪽에 솔방울 만들기 등의 모양을 낼 수 있다.

3. 어패류의 성분

어패류는 수분이 약 65~85% 내외이며, 단백질 15~25%, 지질 0.1~22%, 당질 0.5~1%와 비타민, 무기질로 구성되어 있다. 또한 색소, 맛, 냄새 등의 성분이 함유되어 있다.

(1) 일반 성분

어패류의 단백질은 근원섬유 단백질인 미오신과 액틴, 근장 단백질인 미오겐, 결합조직 단백질인 콜라겐으로 구성되어 있다. 결합조직 단백질은 육류 단백질에 비해 적어서 조직이 연하여 소화는 잘 되지만 가열하면 잘 부스러지므로 주의해야 한다.

지질은 해수어가 담수어보다, 붉은살생선이 흰살생선보다 함량이 높고, 지방산은 대부분 불포화지방산으로 구성되어 있다. 이 중 EPA와 DHA는 고등어, 꽁치, 삼치 등 등푸른 생선에 많이 함유되어 있다.

당질은 대부분 글리코겐 형태로 존재하며 어류는 1% 이하로 낮지만 조개류와 갑각류에는 3~5% 함유되어 있다. 조개류와 갑각류가 단맛을 내는 것은 글리코겐이 효소에 의해 포도당으로 분해되기 때문이다.

비타민은 어류에는 B_1, B_2, 나이아신 함량이 높고, 지질 함량이 많은 어유와 간유에는 A와 D가 많이 함유되어 있다. 무기질은 뼈째 먹는 생선에는 칼슘과 인, 굴을 비롯한 조개류에는 철분, 아연, 요오드가 많이 함유되어 있다.

(2) 색소 성분

어류에는 육색소인 미오글로빈이 대부분이며 연어나 송어 등은 카로티노이드 색소로 인해 붉은색을 띠고 있다. 새우나 게에 있는 회갈색의 아스타잔틴이 열에 의해 붉은색의 아스타신으로 분해되면서 껍질이 빨갛게 변한다. 오징어, 문어의 먹물은 멜라닌 색소이고, 어류 특유의 형광색은 플라빈 색소이다.

(3) 맛 성분

어류에는 유리 아미노산, 글루타티온, 펩타이드, 핵산 관련 물질, 유기산 등이 함유되어 있으며, 오징어, 낙지, 새우 등에는 타우린과 베타인, 조개류에는 호박산이 들어 있어 특유의 단맛과 감칠맛을 낸다.

(4) 냄새 성분

해수어에는 트리메틸아민옥사이드가 들어 있는데 시간이 경과하면 세균에 의해 트리메틸아민으로 되면서 비린내가 나게 된다. 담수어의 비린내 성분은 피페리딘이다. 어패류의 신선도가 저하되면 암모니아, 인돌, 히스타민, 황화수소, 스캐톨, 지방산 등이 생성되어 악취가 난다.

4. 어패류의 사후변화

어패류는 사후 산소공급이 중단되면 해당과정에 의해 글리코겐이 분해되어 젖산이 생성되고 pH가 낮아져서 사후경직이 일어나게 된다. 사후경직이 끝나면 근육조직에 있는 효소에 의해 어육 단백질이 분해되면서 자기소화가 일어난다. 자기소화가 일어나면 맛과 풍미가 저하되면서 부패하기 쉬운 상태가 된다. 따라서 어류를 어획하고 나서 바로 빙장하거나 동결하면 사후경직의 개시시간이 지연되어 신선도를 유지할 수 있다.

5. 어패류의 신선도

어패류의 사후변화는 육류보다 빨라서 신선도가 저하되고 세균의 침투가 용이하여 변질이 쉽게 일어난다. 신선도를 판정하는 방법에는 관능적, 화학적, 미생물적 방법이 있다.

표 8-1 어패류의 신선도 판정법

관능적 판정법	탄력성	탄력성이 있는 것
	껍질색과 광택	껍질의 색이 밝고 광택이 나는 것
	눈	눈이 맑고 외부로 약간 튀어나온 것
	비늘	비늘이 윤택이 나고 단단하게 붙어 있는 것
	아가미	아가미의 색이 선홍색이고 냄새가 나지 않는 것
	복부	복부는 팽팽하고 내장이 나오지 않은 것
	냄새	어패류 본래의 독특한 냄새를 가진 것
화학적 판정법	pH	신선한 생선의 pH는 7~8이며, pH가 6.2~6.5 이하로 저하되면 부패한 것으로 판단
	트리메틸아민	트리메틸아민 3~4mg/100g이면 초기 부패로 판단
	휘발성 염기질소	휘발성 염기질소 30~40mg/100g이면 초기 부패로 판단
미생물적 판정법	세균 수	1g의 근육 내에 세균 수가 10^3 이하면 신선하지만 10^7~10^8이면 초기 부패로 판단

6. 어패류의 조리 중 변화

(1) 어취 제거

생선의 신선도 저하에 따른 불쾌한 어취 즉 비린내는 여러 가지 방법을 사용하여 약화시키거나 제거해야 한다.

표 8-2 어패류의 어취 제거방법

방법	효과
물로 세척	표피의 점액 제거로 수용성 아민류가 제거
산(레몬즙, 식초)	산이 알칼리인 트리메틸아민과 결합하여 어취 중화
술	술의 알코올이 어취와 함께 휘발
마늘, 파, 양파	황화알릴류 함유로 어취 감소
무	메틸 메르캅탄과 겨자유가 어취 제거
생강	진저롤과 쇼가올이 미뢰를 둔화시켜 어취 인식 억제 단백질을 변성시켜 어취 감소
된장, 고추장 간장	된장, 고추장의 콜로이드성이 어취 흡착 간장은 비린내 용출
우유	콜로이드 용액인 우유가 비린내 흡착
고추냉이(와사비), 고추 후추, 겨자	알릴이소티오시아네이트, 캡사이신, 채비신, 겨자유 등의 매운맛이 미뢰를 마비시켜 어취 약화
셀러리, 파슬리, 깻잎, 미나리, 쑥갓	강한 향으로 어취 약화

(2) 식염에 의한 변화

어육에 2~3%의 소금을 첨가하면 근섬유에서 미오신과 액틴이 유출되어 액토미오신이 되면서 점성이 강한 상태가 된다. 이것을 가열하면 단백질이 응고하여 탄력 있는 조직이 된다. 이러한 원리를 이용한 것이 어묵이다.

어육에 다량의 소금(15% 이상)을 첨가하면 삼투압 작용에 의해 탈수와 응고현상이 일어나서 조직의 보수성과 탄력성이 감소하게 된다. 이러한 원리를 이용한 것이 자반 생선과 젓갈 등이다.

(3) 산에 의한 변화

어육에 산을 첨가하면 단백질이 응고하여 단단해지는데 생선회를 초고추장에 찍어 먹으면 조직의 탄력성이 증가하여 질감이 좋아진다. 또한 생선의 비린내 성분인 트리메틸아민은 알칼리성 물질이어서 식초를 가하면 중화되어 비린내가 감소한다. 세균은 중성에서 가장 잘 생육하지만 식초를 가하면 pH가 산성 쪽으로 기울어져서 생육하지 못하므로 살균효과도 있다.

(4) 가열에 의한 변화

1) 단백질의 변성

생선을 가열할 때 석쇠, 프라이팬, 냄비 등의 조리기구에 붙는 성질이 있다. 이것은 어육 단백질인 미오겐이 가열에 의해 펩타이드 결합이 끊어지면서 활성기가 많이 생성되고 이러한 활성기가 금속면에 닿아 금속이온과 반응하면서 나타나는 현상이다. 따라서 생선을 구울 때 석쇠나 프라이팬을 미리 달구거나 기름칠을 하여 활성기가 반응하지 못하도록 해야 한다.

어육 단백질인 콜라겐은 50~60℃의 낮은 온도에서 변성되어 젤라틴으로 되면서 조직의 투명성과 점성을 증가시켜 어육의 질감을 좋게 한다. 상어, 넙치 등은 근육 단백질의 11%가 결합조직이므로 이런 경향이 잘 일어난다.

2) 탈수 및 무게 감소

생선을 가열하면 단백질이 응고, 수축되면서 탈수현상이 일어나게 되고 결국 생선의 무게가 감소하게 된다. 생선의 탈수율은 가열온도가 상승하면 더욱 증가하게 되는데 흰살생선은 15~20%, 붉은살생선은 20~25%, 오징어와 문어 등은 30~40% 탈수된다. 신선한 생선일수록 탈수에 의한 무게 감소가 적게 일어난다.

3) 수용성 물질의 용출

어패류에 물을 붓고 가열할 경우 수용성 단백질, 수용성 비타민 및 염분의 유출로 국물의 맛이 좋아진다. 특히 조개 국물의 맛 성분은 호박산이고, 멸치 국물의 맛은 MSG 성분이며, 어육의 주된 맛 성분은 5'IMP이다.

7. 어패류의 조리법

(1) 조림

흰살생선은 살이 무르고 담백하므로 양념 국물이 끓기 시작할 때 생선을 넣으면 생선 표면의 단백질이 응고되어 모양이 유지되면서 양념이 골고루 배어 맛이 좋아진다. 붉은살 생선은 살이 단단하고 어취가 있으므로 고춧가루 등의 양념을 첨가하여 양념이 깊이 침투되도록 오래 조리는 것이 좋다. 조려진 생선 국물은 식으면 끈끈해지는데, 이는 생선의 콜라겐 가열에 의한 젤라틴 현상이다.

(2) 구이

소금구이는 신선도가 높은 것을 선택해야 하며 생선 무게의 2% 정도의 소금을 뿌리면 삼투압 작용에 의해 살이 단단해지고 어취 성분이 용출되어 비린내도 감소한다. 양념구이는 지방 함량이 많은 생선이 적합하며 생선을 어느 정도 구운 후 양념장을 발라 가며 굽는다. 생선을 가열하면 무게가 감소되는데 이는 생선의 근육 단백질이 응고, 수축되면서 탈수 현상이 일어나기 때문이다.

(3) 찌개

찌개는 비린내가 적고 살이 단단한 흰살생선을 이용하는 것이 좋으며 우럭, 대구, 생태, 민어, 조기 등이 많이 사용된다. 생선찌개를 끓일 때에는 반드시 국물이 끓을 때 생선을 넣어야 생선살이 단단하고 흐트러지지 않는다.

(4) 생선회

생선회는 광어, 도미, 민어 등의 흰살생선을 주로 이용하며 흰살생선은 경직기간이 붉은살생선에 비해 비교적 길어 쉽게 상하지 않는다. 대체로 갓 잡은 활어회를 선호하지만 냉장고에 1~2시간 보관한 뒤 먹으면 근육이 단단해져 쫄깃한 식감을 느낄 수 있어 경직기에 먹는 것을 선호하는 경우도 있다.

회를 먹을 때는 레몬을 곁들이는데 생선살의 pH가 단백질의 등전점 가까이 되면 살이 단단해지는 식감을 느낄 수 있으나, 오래 뿌려 놓으면 단백질이 변성되어 조직이 변화하므로 먹기 직전에 뿌리는 것이 좋다. 새우, 낙지, 오징어 등으로 숙회를 할 때는 단시간에 조리해야 하며 수축되는 방향을 고려하여야 한다.

실험 1 · 생선 비린내 제거방법

1. 실험목적

생선을 조리할 때 비린내 제거를 위한 여러 가지 방법을 비교하여 효율적인 비린내 제거법을 알아본다.

2. 실험재료

고등어(가식부) 200g

레몬즙, 술, 우유 각 15mL

3. 실험기구 및 기기

메스실린더, 피펫, 저울, 타이머, 오븐, 알루미늄 호일, 조리기구

4. 실험방법

❶ 손질한 고등어는 다음과 같이 처리하여 30분간 담가 놓는다.

A : 고등어 50g

B : 고등어 50g, 레몬즙 15mL

C : 고등어 50g, 술 15mL

D : 고등어 50g, 우유 15mL

❷ 고등어를 용액에서 꺼내어 물기를 제거한 뒤 호일로 싼다.

❸ 177℃로 예열한 오븐에서 5분간 굽는다.

❹ 구운 생선의 비린내와 기호도를 평가한다.

5. Flow Chart

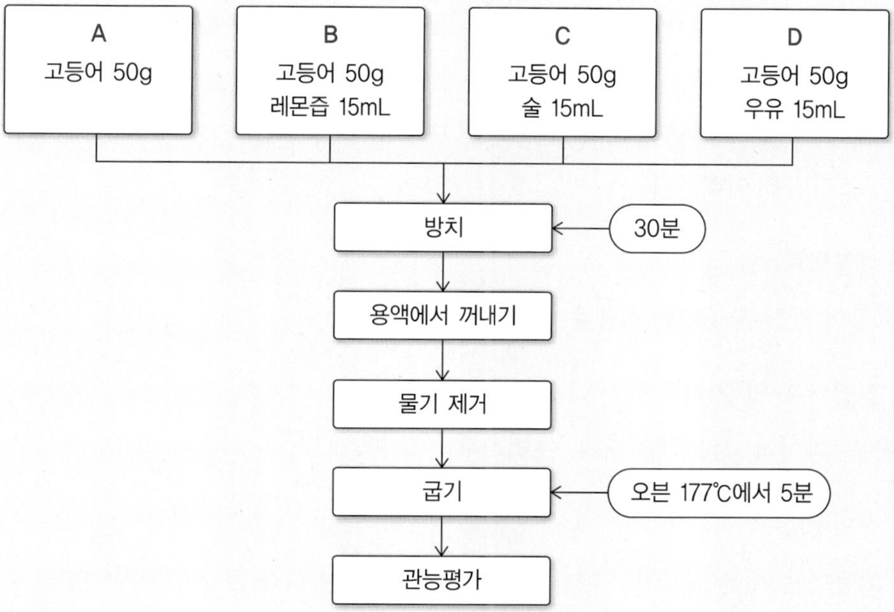

6. 실험결과

시료	비린내[1]	기호도[2]
A		
B		
C		
D		

1) 순위척도법(비린내 없는 것부터)
2) 순위척도법(좋은 것부터)

7. 고찰

실험 2 · 조리기구에 의한 생선구이 실험

1. 실험목적

여러 가지 굽는 방법에 따라 고등어의 무게와 맛의 변화 등을 알아보고 가장 맛있는 조리법을 이해한다.

2. 실험재료

고등어(가식부) 150g, 식용유 약간

3. 실험기구 및 기기

저울, 타이머, 석쇠, 팬, 오븐, 조리기구

4. 실험방법

❶ 고등어는 깨끗이 씻어서 뼈를 제거하고 물기를 뺀 다음 50g씩 3등분한다.

❷ 고등어는 다음과 같은 방법으로 중간 불에서 5분간 뒤집어 가면서 굽는다.

A : 석쇠에 식용유를 바르고 불에 달군 후 굽는다.

B : 팬에 식용유를 두르고 달군 후 굽는다.

C : 예열된 오븐에서 175℃로 굽는다.

❸ 각 시료의 무게를 측정한 후 중량 감소율을 계산한다.

$$\text{중량 감소율(\%)} = \frac{\text{조리 전 무게(g)} - \text{조리 후 무게(g)}}{\text{조리 전 무게(g)}} \times 100$$

❹ 각 시료의 탄력성, 보습성, 맛, 기호도를 평가한다.

5. Flow Chart

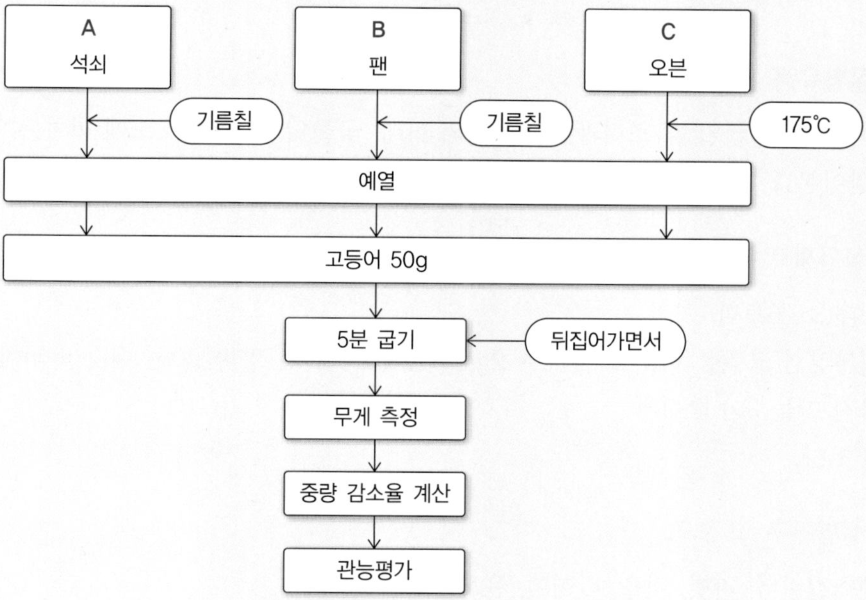

6. 실험결과

시료	무게(g)		중량 감소율(%)	탄력성[1]	보습성[2]	맛[3]	기호도[4]
	조리 전	조리 후					
A							
B							
C							

1) 순위척도법(강한 것부터)
2) 순위척도법(수분이 많은 것부터)
3), 4) 순위척도법(좋은 것부터)

7. 고찰

실험 3 · 조리과정이 생선찌개에 미치는 영향

1. 실험목적

생선찌개를 끓일 때 조리과정이 생선의 형태, 국물의 탁도, 기호도에 미치는 영향을 알아본다.

2. 실험재료

생태(소) 6토막
기본양념(고추장 17g, 고춧가루 2g, 소금 6g, 채 썬 양파 20g, 어슷썬 파 10g, 다진 마늘 3g) 각 3배
물 1.8L

3. 실험기구 및 기기

메스실린더, 피펫, 저울, 타이머, 온도계, 조리기구

4. 실험방법

❶ 시료는 다음과 같이 처리한다.
A : 물 600mL에 기본양념과 생태 2토막을 넣고 끓으면 10분 가열한다.
B : 물 600mL에 기본양념을 넣고 70℃ 정도 되면 생태 2토막을 넣어 끓으면 10분 가열한다.
C : 물 600mL에 기본양념을 넣고 물이 끓으면 생태 2토막을 넣어 10분 가열한다.

❷ 생선의 형태, 국물의 맑은 정도, 기호도를 평가한다.

5. Flow Chart

6. 실험결과

시료	생선의 형태[1)]	국물의 맑은 정도[2)]	기호도[3)]
A			
B			
C			

1) 묘사법
2) 순위척도법(맑은 것부터)
3) 순위척도법(좋은 것부터)

7. 고찰

실험 4 · 오징어의 무늬별 수축성 비교

1. 실험목적

오징어의 근육 구조와 수축의 특성을 이해한다.

2. 실험재료

오징어 8마리, 물 4L

3. 실험기구 및 기기

메스실린더, 피펫, 타이머, 온도계, 자, 조리기구

4. 실험방법

❶ 오징어의 다리와 머리 부분을 잘라 내고, 배를 세로로 잘라 내장을 제거한 후 표피층의 껍질을 벗긴다.

❷ 시료는 다음과 같이 처리한다.

가. 4×4cm로 썰어서 칼집 고르게 넣기

A : 체축과 평행하게 칼집을 고르게 넣는다.

B : 체축과 직각방향으로 칼집을 고르게 넣는다.

C : 표피에 솔방울 무늬로 칼집을 고르게 넣는다.

D : 안 쪽에 솔방울 무늬로 칼집을 고르게 넣는다.

나. 솔방울무늬로 2×4cm 또는 4×2cm로 썰기

E : 안 쪽에 솔방울 무늬를 내고 체축과 평행하게 가로 2cm×세로 4cm로 썬다.

F : 안 쪽에 솔방울 무늬를 내고 체축과 직각방향으로 가로 4cm×세로 2cm로 썬다.

G : 표피에 솔방울 무늬를 내고 체축과 평행하게 가로 2cm×세로 4cm로 썬다.

H : 표피에 솔방울 무늬를 내고 체축과 직각방향으로 가로 4cm×세로 2cm로 썬다.

❸ 각 냄비에 물 500mL씩 담아 끓으면 오징어를 넣고 20초간 데친다.

❹ 가열 후 오징어의 가로 · 세로 길이를 측정한 후 수축률을 계산한다.

$$\text{수축률(\%)} = \frac{\text{가열 전 오징어의 길이(cm)} - \text{가열 후 오징어의 길이(cm)}}{\text{가열 전 오징어의 길이(cm)}} \times 100$$

❺ 오징어의 수축된 모양을 평가한다.

5. Flow Chart

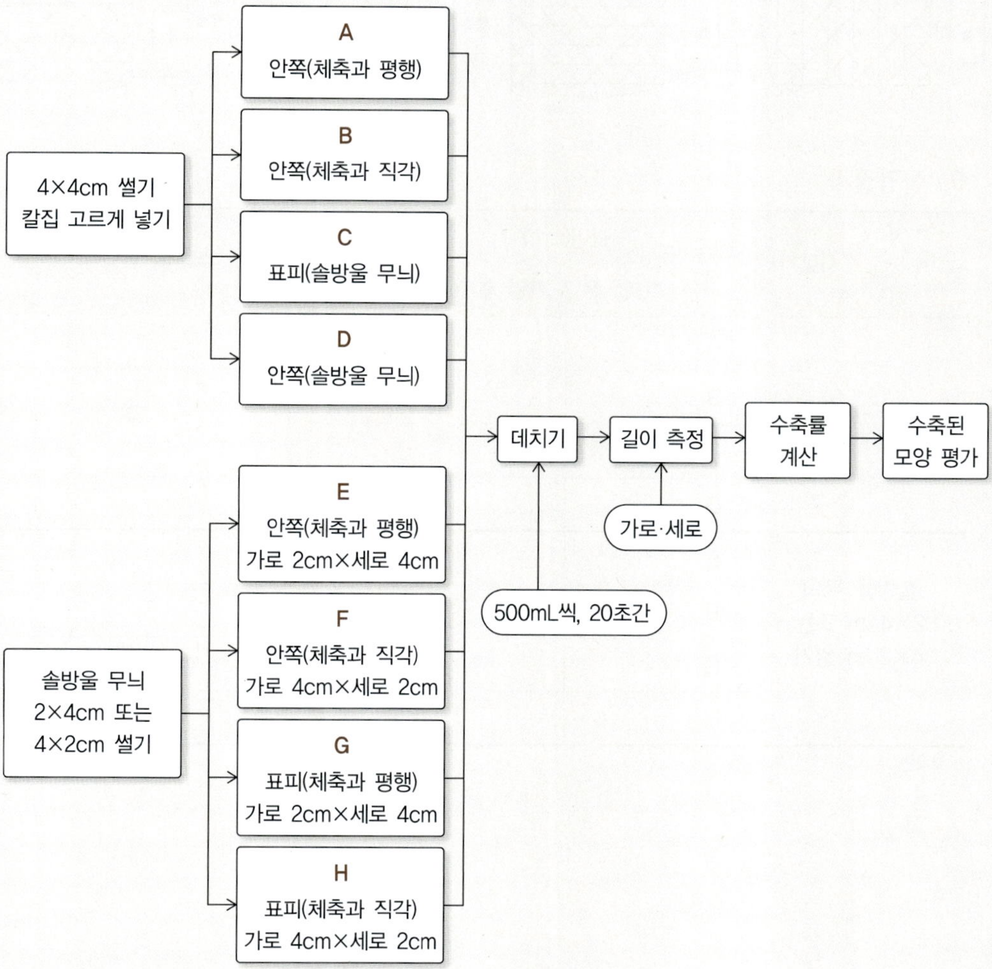

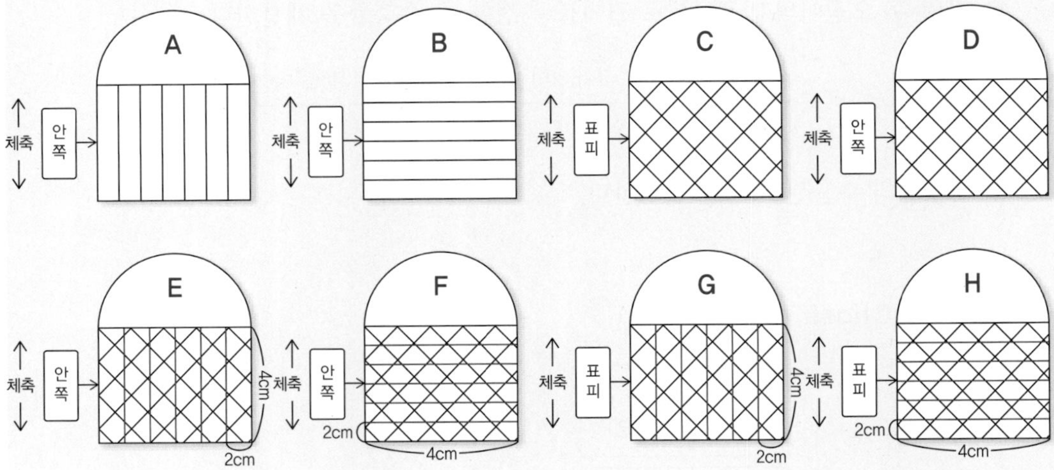

6. 실험결과

시료		길이(cm)		수축률(%)	수축된 모양[1]
		가열 전	가열 후		
4×4cm 썰기 칼집 고르게 넣기	A				
	B				
	C				
	D				
솔방울 무늬 2×4cm 또는 4×2cm 썰기	E				
	F				
	G				
	H				

1) 묘사법

7. 고찰

실험 5 · 첨가물과 어묵의 형성 실험

1. 실험목적

전분과 기름이 어묵의 형성에 미치는 영향을 알아보고 어묵의 조리원리를 이해한다.

2. 실험재료

흰살생선살 148g, 소금 4.8g, 전분 6g, 식용유 6mL

3. 실험기구 및 기기

메스실린더, 피펫, 저울, 타이머, 분쇄기, 찜통, 면포, 조리기구

4. 실험방법

❶ 시료는 다음과 같이 준비하여 분쇄기에 넣고 끈끈해질 때까지 잘 으깬다.

A : 흰살생선살 40g, 소금 1.2g

B : 흰살생선살 36g, 소금 1.2g, 전분 4g

C : 흰살생선살 36g, 소금 1.2g, 식용유 4mL

D : 흰살생선살 36g, 소금 1.2g, 전분 2g, 식용유 2mL

❷ 각 시료는 3×4×2cm 모양으로 만든다.

❸ 찜통에서 수증기가 올라오면 시료를 넣고 15분간 찐다.

❹ 각 시료의 탄력성, 질감, 맛, 기호도를 평가한다.

5. Flow Chart

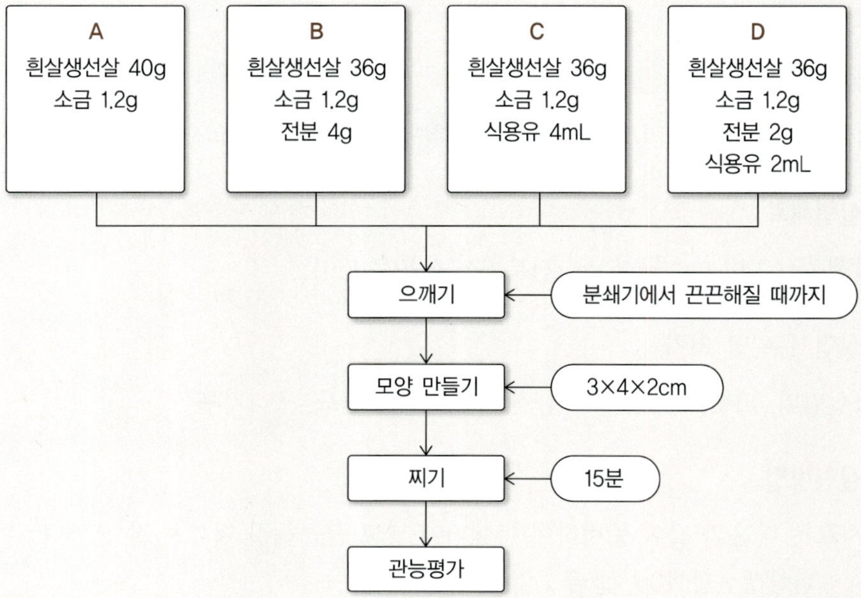

6. 실험결과

시료	탄력성[1]	질감[2]	맛[3]	기호도[4]
A				
B				
C				
D				

1) 순위척도법(강한 것부터)
2) 순위척도법(부드러운 것부터)
3), 4) 순위척도법(좋은 것부터)

7. 고찰

응용조리 · 생선살을 이용한 조리

<table>
<tr><th colspan="2">어묵</th></tr>
<tr><td>재료

도미살 500g
오징어살 500g
새우살 500g
당근 80g
대파 180g
마늘 15g
달걀흰자 3개
전분 70g
식용유 70mL
소금 10g
설탕 30g
청주 100mL
맛술 200mL
후추 5g</td><td>만드는 법

❶ 당근, 대파, 마늘은 곱게 다진다.
❷ 생선살, 달걀흰자, 전분, 양념(소금, 설탕, 청주, 맛술, 후추)을 믹서기에 넣고 곱게 간 후 ❶의 채소를 섞는다.
❸ ❷를 일정한 모양으로 만들어 120~130℃의 기름에 튀긴다.</td></tr>
</table>

CHAPTER

09 달걀의 조리

1. 달걀의 구조

달걀은 난각, 난각막, 난백, 난황, 알끈으로 구성되어 있다. 난각은 많은 기공이 있어 공기의 유통, 수분의 증발, 탄산가스의 배출 등이 조절되고 있지만 세균의 침입이 일어날 수 있다. 신선한 달걀은 난각이 큐티클로 덮여 있어 표면이 까칠까칠하며 이러한 큐티클이 세균의 침입을 막아 준다. 신선도가 떨어질수록 큐티클은 벗겨져서 세균의 침입이 용이해진다.

난각막은 외막과 내막으로 2겹이 있다. 신선한 달걀의 난각막은 겉껍질과 난백에 단단하게 부착되어 있으나 저장하는 동안 수분의 증발로 내용물이 줄어들면서 막이 벌어져 둔단부에 기실(공기집)이 형성된다.

난백은 불투명하고 점도가 높은 농후난백과 점도가 낮은 수양난백으로 이루어져 있으나 시간이 경과함에 따라 농후난백이 수양화된다. 난황은 얇은 비텔린 막으로 싸여 있으며 신선도가 떨어질수록 난황은 난백 주변의 수분을 흡수하여 부피가 커지면서 막이 약화되어 쉽게 터진다.

알끈은 난황막으로부터 시작하여 난백을 지나 속껍질까지 연결되어 있으면서 난황을 중앙에 고정시키는 역할을 한다. 알끈은 익으면 단단하게 굳어 거친 질감을 주므로 지단, 알찜, 쿠키 등의 섬세한 음식을 할 때는 제거하는 것이 좋다.

2. 달걀의 성분

달걀의 수분 함량은 전란의 경우 76%, 난백은 88%, 난황은 51%로 이루어져 있다. 달걀의 단백질은 필수아미노산을 모두 함유하고 있어 단백가가 100으로 영양적으로 매우 우수하다. 난백의 단백질은 대부분 오브알부민이며, 난황의 단백질은 인단백질이 지질과 결합된 리포프로테인 형태로 존재한다.

달걀의 지질은 중성지질 62.3%, 인지질 32.8%, 콜레스테롤 4.9%로 구성되어 있다. 지방산은 올레산이 약 50%로 가장 많고, 필수지방산인 리놀레산, 리놀렌산, 아라키돈산이 풍부하게 함유되어 있다. 인지질은 레시틴과 세팔린으로 구성되어 있으며, 인지질의 레시틴은 유화성이 매우 커서 유화제로 작용하고 수중유적형(O/W)의 유화액을 만든다.

달걀의 비타민은 난백에는 티아민, 리보플라빈, 나이아신, 판토텐산 등이 풍부하며 난황에는 비타민 A · D, 티아민, 리보플라빈이 풍부하게 들어 있다. 달걀의 무기질은 약 1%

정도 함유되어 있으며 인, 철분이 풍부하다. 난황에 들어 있는 철분은 체내에서 이용가치가 높아 성장기 어린이, 여성들에게 유용하다.

난황의 색소는 주로 루테인, 제아잔틴, 잔토필이라는 카로티노이드계의 색소가 침착되어 노란색을 나타내는 것이며 이러한 색은 품종, 영양, 사료에 따라 다르게 나타난다. 난황의 색이 진한 것은 황색 색소가 많기 때문이며 영양가가 많은 것은 아니다.

3. 달걀의 저장 중 변화

(1) 외관상의 변화

1) 농후난백의 수양화

산란 직후의 달걀은 농후난백과 수양난백의 비율이 6:4 정도이다. 달걀을 저장하게 되면 농후난백이 묽어지면서 그 양이 감소하게 된다. 농후난백의 수양화는 달걀을 깨뜨렸을 때 난백이 넓게 퍼지는 것으로 나타난다.

2) 난황계수의 감소

달걀을 저장하게 되면 수분이 난황막을 통해 난백에서 난황으로 이동하여 난황계수가 저하된다. 이때 난황막은 늘어나 약해진 상태여서 달걀을 깨뜨렸을 때 난황이 쉽게 터지는 것이다.

3) 기실(공기집)의 확대

산란 직후의 달걀에는 기실(공기집)이 없다. 시간이 지날수록 겉껍질에 있는 작은 구멍을 통하여 공기가 들어오고 수분과 이산화탄소가 증발하면서 기실(공기집)이 점점 커지게 된다.

4) 겉껍질

신선한 달걀은 겉껍질이 거칠고 붉은 기운이 있지만 오래된 달걀은 매끄럽고 흰색을 띤다.

(2) 화학적 변화

1) 성분

달걀의 저장 중 달걀 단백질은 분해되어 유리 아미노산과 비단백 질소가 증가하게 된다. 난황의 지방은 난백으로 이동하게 되며, 비타민도 감소하게 된다.

2) pH

신선한 난백의 pH는 7.6 정도이지만 시간이 경과하면 pH 9.0~9.7 정도가 된다. 난백의 pH가 알칼리가 되면 농후난백이 묽어지고 담황색을 띠게 된다. 신선한 난황의 pH는 5.9~6.1 정도이지만 시간이 지나면 pH 6.8 정도로 증가하게 된다.

4. 달걀의 조리성

(1) 열 응고성

달걀이 열에 의하여 응고되는 것은 달걀을 구성하고 있는 단백질의 변성에 의해 일어나는 현상이다. 난백은 60℃에서 응고하기 시작하여 65℃에서 완전히 응고되고 난황은 65℃에서 응고하기 시작하여 70℃에서 완전히 응고된다.

달걀의 열 응고성은 여러 가지 음식에서 농후제, 결합제, 청정제로 이용된다. 달걀찜, 푸딩, 커스터드 등에서는 농후제로 이용되고 전, 크로켓, 만두소, 알쌈 등에서는 결합제로 이용되며 콩소메, 맑은 장국, 커피 등에서는 청정제로 이용되고 있다.

(2) 기포성

난백에 들어 있는 오보글로불린, 오보뮤신, 콘알부민의 단백질은 교반에 의해 변성되어 표면에 얇은 막을 형성한다. 이러한 단백질 막이 유입된 공기를 둘러쌈으로써 기포를 생성하게 된다. 난백의 점성이 낮으면 기포 형성력은 증가하지만 기포 안정성은 감소된다. 일반적으로 기포 형성력과 기포 안정성은 상반되는 경향이 있다. 난백의 기포성은 머랭, 엔젤케이크 등에서 팽창제로 이용된다.

표 9-1 달걀의 열 응고성에 영향을 주는 요인

요인	특징
단백질의 농도	달걀을 물로 희석하면 단백질의 양이 줄어들어 응고물이 적게 형성되므로 질감이 부드러워진다.
용액의 pH	달걀의 주 단백질인 알부민은 pH 4.8 부근이 등전점 부근이므로 식초 등 산을 첨가하면 쉽게 응고한다.
염	염은 물속에서 해리되면서 반대 이온을 흡착하여 전기적으로 중화시킴으로써 응고를 쉽게 해 준다. 염류의 원자가가 클수록 이러한 경향은 커진다($Fe^{3+} > Ca^{2+} > Na^{+}$). 우유의 Ca^{2+}이온과 소금의 Na^{+}이온은 응고를 촉진시켜 응고물을 단단하게 한다.
당	단백질 용액에 설탕을 넣으면 열에 의해 펼쳐진 단백질 분자에 설탕이 결합하게 된다. 이때 설탕은 단백질 분자의 재결합을 방해하는 역할을 하므로 단백질의 응고를 지연시켜 응고물을 부드럽게 한다.

표 9-2 난백의 기포성에 영향을 주는 요인

요인	특징
난백의 상태	수양난백은 점도가 낮아 기포 형성은 잘 되지만 안정성은 떨어진다. 농후난백은 기포 형성은 어렵지만 안정성은 좋다. 신선한 달걀보다 오래된 달걀은 수양난백이 많으므로 거품이 쉽게 일어난다.
온도	난백의 온도가 높아지면 점도가 낮아져서 기포 형성은 잘 되지만 안정성은 떨어진다.
pH	난백의 단백질은 등전점인 pH 4.8 근처에서 기포 형성이 잘 되므로 소량의 산을 첨가하여 pH를 등전점 부근으로 해 주면 기포 형성이 잘 된다.
첨가물	설탕은 난백의 점도를 증가시켜 기포 형성을 떨어뜨리지만 형성된 기포 막을 부드럽게 하고 기포를 미세하게 해 주므로 안정성 있는 거품을 만든다. 지방, 우유, 소금은 기포 형성을 방해하고 안정성을 저하시킨다.
거품기 (egg beater)	수동교반기를 사용하면 기포의 크기가 일정하지 않고 묽어지며 전동교반기를 사용하면 기포의 크기가 미세하고 일정하여 안정된 기포를 얻을 수 있다.

(3) 유화성

난황의 레시틴은 친수성과 친유기를 가지고 있어서 기름과 물로 형성된 유화액을 안정시키는 유화제 역할을 한다. 난황의 유화성을 이용한 음식으로는 마요네즈, 샐러드 드레싱, 케이크 반죽 등이 있다.

(4) 난황의 녹변현상

달걀은 100℃에서 15분 이상 가열하면 난황의 주위가 암녹색으로 변색이 된다. 이것은 난백에서 생성된 황화수소가 난황으로 이동하여 난황의 철과 결합하면서 암녹색의 황화제1철(FeS)을 형성하기 때문이다.

이러한 현상은 달걀의 신선도가 저하되어 pH가 상승하거나 가열온도가 높고 가열시간이 길수록 심하게 나타난다. 따라서 신선한 달걀을 사용하여 70℃에서 1시간 가열하거나 85℃에서 30분간 가열하면 황화제1철은 거의 형성되지 않는다.

실험 1 · 달걀의 신선도 측정

1. 실험목적

신선란과 저장란을 대상으로 달걀의 외관, 비중, 난백과 난황계수, pH를 측정·비교하여 달걀의 신선도를 판정하는 방법을 이해한다.

2. 실험재료

신선란 3개, 저장란(2주 이상 저장) 3개, 10% 소금물 1L

3. 실험기구 및 기기

비커, pH 측정기, 모눈종이, 유리판, 삼각자, 조리기구

4. 실험방법

❶ 신선란의 신선도를 다음과 같은 방법으로 측정한다(A).

가. 외관법

달걀 표면의 거친 정도, 흔들었을 때의 소리 여부 등을 판정한다.

나. 비중법

10%의 소금물 500mL에 달걀을 천천히 넣고 부유하는 상태를 관찰한다.

다. 난백계수 및 난황계수

모눈종이 위에 유리판을 얹고 그 위에 달걀을 깨뜨린 후 다음과 같은 식을 이용하여 난백계수 및 난황계수를 계산한다.

$$\text{난백계수} = \frac{\text{난백의 높이(mm)}}{\text{난백의 평균 직경(mm)}}$$

$$\text{난황계수} = \frac{\text{난황의 높이(mm)}}{\text{난황의 평균 직경(mm)}}$$

라. pH 측정

달걀을 난백과 난황으로 구분하여 비커에 각각 담고 잘 저은 후 pH를 측정한다.

❷ 저장란도 ❶과 같은 방법으로 신선도를 측정한다(B).

5. Flow Chart

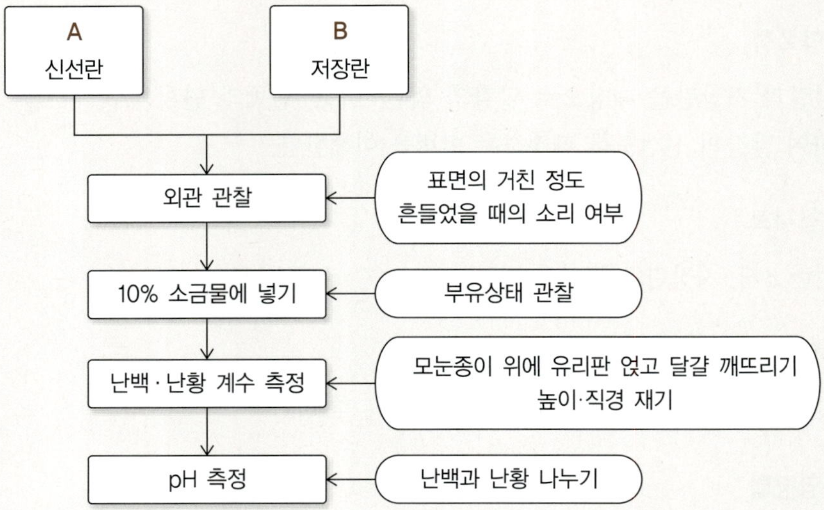

6. 실험결과

시료	외관[1]	비중[2]	계수		pH	
			난백	난황	난백	난황
A						
B						

1), 2) 묘사법

7. 고찰

실험 2 · 가열시간에 의한 달걀의 응고성

1. 실험목적

가열시간이 달걀의 응고성에 미치는 영향을 알아보고 난황의 녹변 형성 여부와 껍질이 벗겨지는 정도를 관찰한다.

2. 실험재료

달걀 12개

3. 실험기구 및 기기

온도계, 조리기구

4. 실험방법

❶ 냄비에 달걀 12개를 담고 달걀이 충분히 잠길 정도의 물을 부은 후 가열하여 100℃가 되면 다음과 같이 시간별로 꺼내어 처리한다.

A : 5분 가열
  a – 냉수 냉각　　b – 실온 방치

B : 7분 가열
  a – 냉수 냉각　　b – 실온 방치

C : 10분 가열
  a – 냉수 냉각　　b – 실온 방치

D : 12분 가열
  a – 냉수 냉각　　b – 실온 방치

E : 15분 가열
  a – 냉수 냉각　　b – 실온 방치

F : 20분 가열
  a – 냉수 냉각　　b – 실온 방치

❷ 각 시간별 시료는 30분 후에 껍질을 벗겨서 2등분한 후 난백·난황의 응고상태, 녹변 형성 여부, 껍질이 벗겨지는 정도를 평가한다.

5. Flow Chart

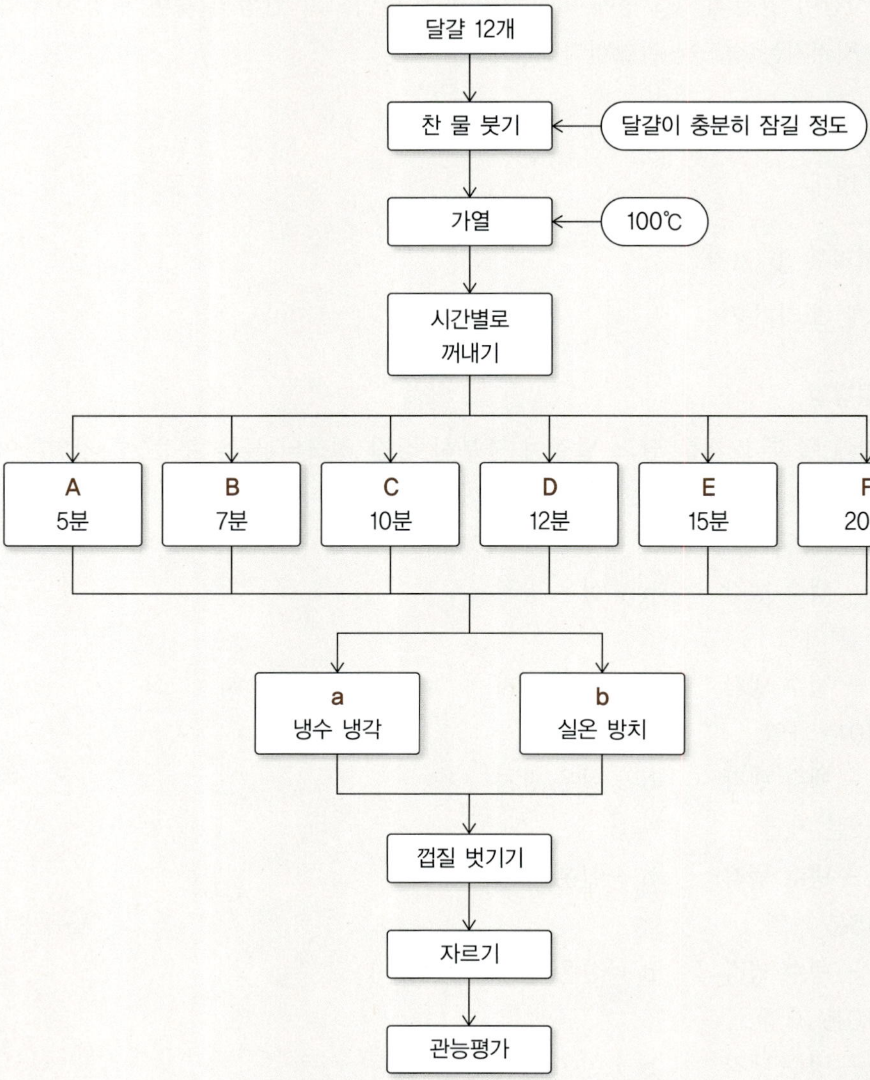

6. 실험결과

시료		응고상태[1]		녹변 형성 여부[2]	껍질이 벗겨지는 정도[3]
		난백	난황		
A	a				
	b				
B	a				
	b				
C	a				
	b				
D	a				
	b				
E	a				
	b				
F	a				
	b				

1) 묘사법
2) 순위척도법(녹변이 없는 것부터)
3) 순위척도법(껍질이 잘 벗겨지는 것부터)

7. 고찰

실험 3 · 첨가물에 따른 난백의 기포성 실험

1. 실험목적

난백에 여러 가지 첨가물을 가하여 거품을 낸 후 기포의 외관상태, 용적, 유출액의 양 등을 관찰하여 첨가물이 난백의 기포 형성에 미치는 영향을 이해한다.

2. 실험재료

난백 4개, 난황 15g, 설탕 9g, 소금 6g

3. 실험기구 및 기기

메스실린더, 비커, 저울, 타이머, 깔때기, 여과지, 볼, 거품기(egg beater)

4. 실험방법

❶ 볼에 난백 1개를 넣고 거품기로 거품을 내어 볼을 거꾸로 해도 거품이 떨어지지 않을 때까지 저어 준다(A).

❷ 난황 15g(B), 설탕 9g(C), 소금 6g(D)을 넣는 경우에는 먼저 난백을 1분간 거품을 낸 다음 첨가물을 넣고 볼을 거꾸로 해도 거품이 떨어지지 않을 때까지 저어 준다.

❸ 기포 형성에 소요된 시간을 측정하고 기포의 외관을 관찰한다.

❹ 기포의 용적은 형성된 기포와 같은 크기의 비커에 넣어 양을 측정한다.

❺ 깔때기 위에 여과지를 깔고 깔때기 밑에는 메스실린더를 받쳐 둔다.

❻ 기포를 깔때기 위로 옮겨 교반 직후, 30분, 60분 후에 분리된 액체의 양(유출액의 양)을 측정한다. 이때 기포가 마르지 않도록 깔때기 위를 덮는다.

5. Flow Chart

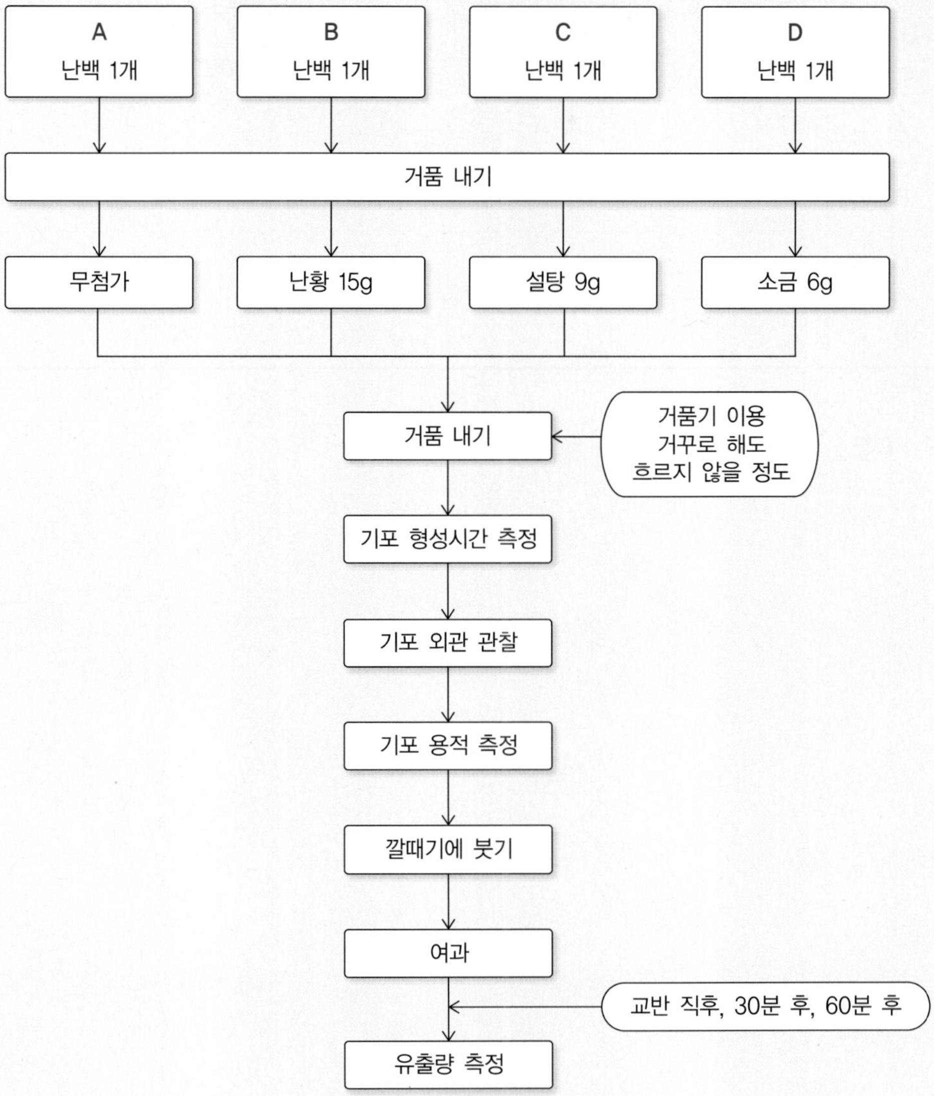
A
난백 1개
B
난백 1개
C
난백 1개
D
난백 1개
거품 내기
무첨가
난황 15g
설탕 9g
소금 6g
거품 내기
거품기 이용
거꾸로 해도
흐르지 않을 정도
기포 형성시간 측정
기포 외관 관찰
기포 용적 측정
깔때기에 붓기
여과
교반 직후, 30분 후, 60분 후
유출량 측정

6. 실험결과

시료	기포 형성시간(분)	기포의 외관[1]	기포 용적 (mL)	유출액의 양(mL)		
				교반 직후	30분 후	60분 후
A						
B						
C						
D						

1) 묘사법

7. 고찰

실험 4 · 달걀액의 농도와 첨가물에 의한 달걀찜 비교

1. 실험목적

달걀액의 농도와 첨가물이 달걀찜의 특성에 미치는 영향을 알아본다.

2. 실험재료

달걀 10개, 우유 100mL, 소금 7g, 설탕 3g, 물 475mL

3. 실험기구 및 기기

메스실린더, 비커, 피펫, 저울, 타이머, 체, 찜통, 알루미늄 호일, 조리기구

4. 실험방법

❶ 달걀 10개를 잘 풀어서 체에 걸러 놓는다.

❷ 시료는 다음과 같이 준비한다.

가. 달걀액의 농도에 의한 달걀찜 실험

A : 전란 50g + 소금 1g

B : 전란 50g + 물 25mL + 소금 1g

C : 전란 50g + 물 50mL + 소금 1g

D : 전란 50g + 물 100mL + 소금 1g

나. 첨가물에 의한 달걀찜 실험

E : 전란 50g + 물 100mL

F : 전란 50g + 물 100mL + 소금 3g

G : 전란 50g + 물 100mL + 설탕 3g

H : 전란 50g + 우유 100mL

❸ 각 시료는 비커에 담아 호일로 덮어 씌운다.

❹ 각 시료는 찜통에 넣고 가열하다가 물이 끓으면 불을 약하게 하여 15분간 찐다.

❺ 달걀찜이 식으면 응고상태, 기공상태, 색, 맛, 기호도를 평가한다.

5. Flow Chart

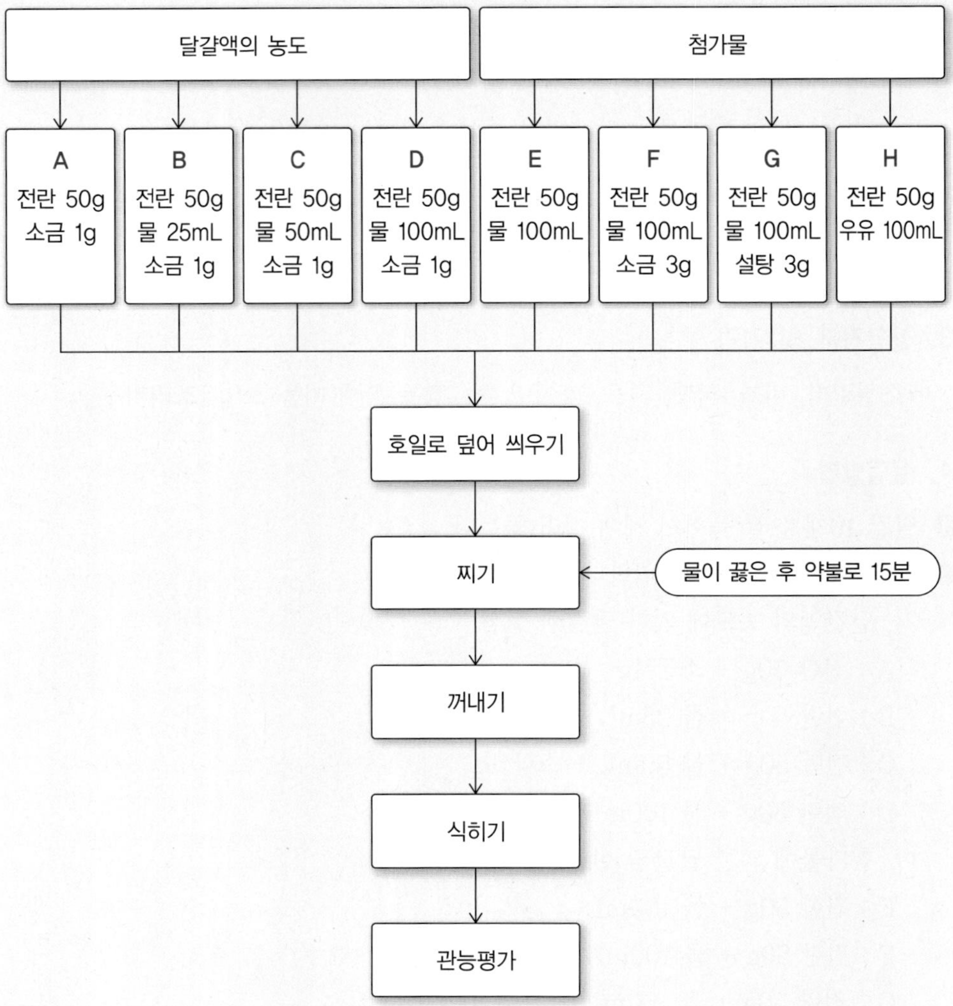

달걀액의 농도
첨가물
A
전란 50g
소금 1g
B
전란 50g
물 25mL
소금 1g
C
전란 50g
물 50mL
소금 1g
D
전란 50g
물 100mL
소금 1g
E
전란 50g
물 100mL
F
전란 50g
물 100mL
소금 3g
G
전란 50g
물 100mL
설탕 3g
H
전란 50g
우유 100mL
호일로 덮어 씌우기
찌기
물이 끓은 후 약불로 15분
꺼내기
식히기
관능평가

6. 실험결과

시료		응고상태[1]	기공상태[2]	색[3]	맛[4]	기호도[5]
달걀액의 농도	A					
	B					
	C					
	D					
첨가물의 영향	E					
	F					
	G					
	H					

1) 순위척도법(부드러운 것부터)
2) 순위척도법(기공이 없는 것부터)
3) 순위척도법(연한 것부터)
4), 5) 순위척도법(좋은 것부터)

7. 고찰

실험 5 · 첨가물에 의한 수란의 응고상태

1. 실험목적

첨가물을 이용하여 수란을 만들어 응고상태를 비교한다.

2. 실험재료

달걀 4개, 소금 20g, 식초 60mL, 물 4.8L

3. 실험기구 및 기기

메스실린더, 피펫, 저울, 타이머, 수란기, 조리기구

4. 실험방법

❶ 달걀 4개를 각각의 접시에 조심스럽게 깨뜨려 놓는다.

❷ 시료는 다음과 같이 준비한다.

A : 물 1,200mL

B : 물 1,200mL, 소금 10g

C : 물 1,200mL, 식초 30mL

D : 물 1,200mL, 소금 10g, 식초 30mL

❸ 각 시료의 물이 끓으면 수란기를 물 표면에 놓아 데운 다음 깨뜨려 놓은 달걀을 조심스럽게 담는다.

❹ 달걀 표면이 하얗게 응고되면 불을 줄여 수면을 잔잔하게 한 후 물속에 담가 3분간 익혀서 건진다.

❺ 수란의 외관을 비교하고 이등분한 후 난백과 난황의 응고상태를 평가한다.

5. Flow Chart

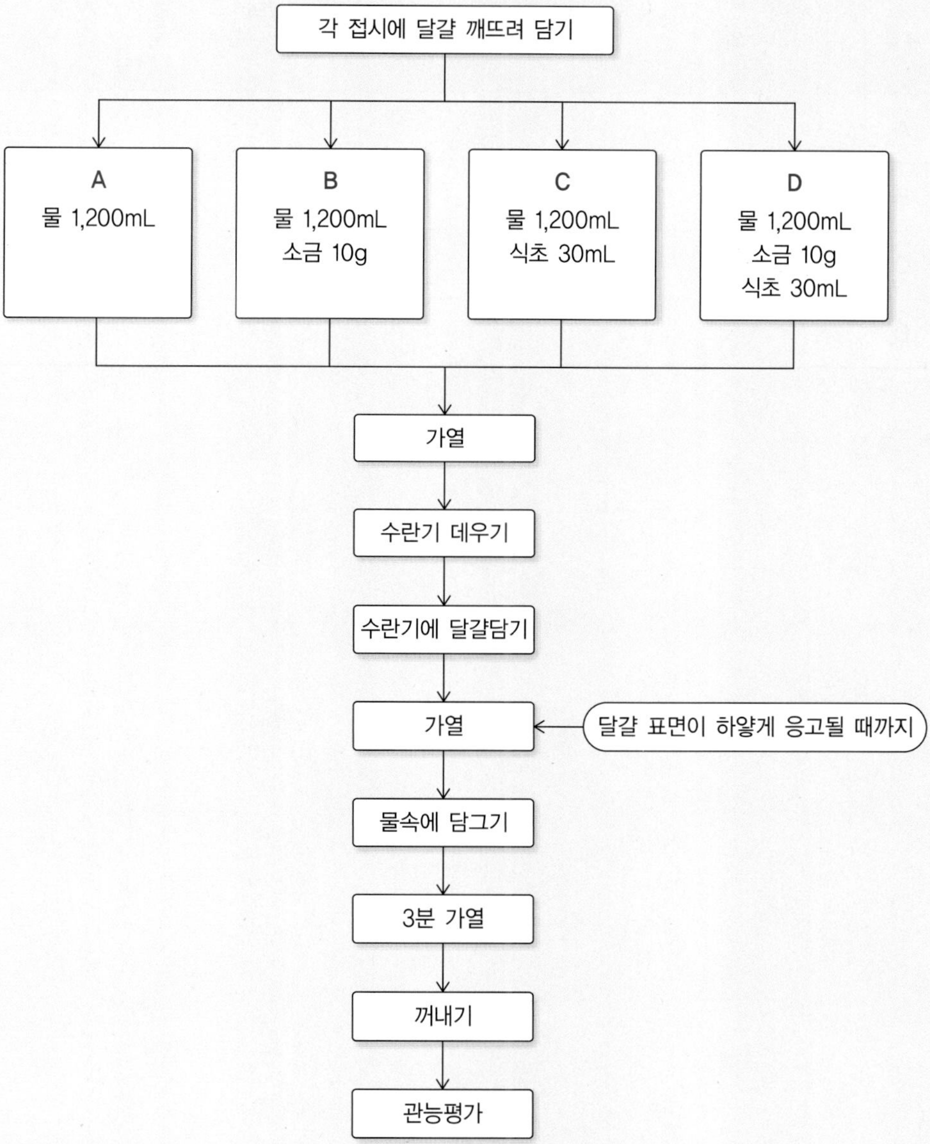
각 접시에 달걀 깨뜨려 담기
A
물 1,200mL
B
물 1,200mL
소금 10g
C
물 1,200mL
식초 30mL
D
물 1,200mL
소금 10g
식초 30mL
가열
수란기 데우기
수란기에 달걀담기
가열
달걀 표면이 하얗게 응고될 때까지
물속에 담그기
3분 가열
꺼내기
관능평가

6. 실험결과

시료	외관[1]	응고상태[2]	
		난백	난황
A			
B			
C			
D			

1), 2) 묘사법

7. 고찰

응용조리 · 달걀의 응고성을 이용한 조리

푸딩	
재료 달걀 2개 우유 265mL 설탕 22g 바닐라에센스 약간 버터 약간 시럽(설탕 30g, 물 17mL)	**만드는 법** ❶ 믹싱볼에 달걀을 담고 한쪽 방향으로 저으면서 거품이 나지 않도록 한다. ❷ ❶에 우유, 설탕, 바닐라에센스를 넣어 섞은 후 체에 거른다. ❸ 팬에 설탕과 물을 넣고 짙은 갈색이 될 때까지 끓여서 시럽을 만든다. ❹ 쿠킹컵에 버터를 바르고 뜨거운 시럽을 조금씩 나누어 부으면서 거품을 걷어낸 다음 ❷를 부으면서 거품이 생기지 않도록 한다. ❺ 호일로 덮어서 약불에서 약 20분간 찐 다음 식힌다.

CHAPTER

10

우유의 조리

01 우유의 성분

02 우유의 조리 중 변화

- 실험 1 가열조건에 따른 우유의 응고성
- 실험 2 산 첨가에 의한 우유의 응고물 형성
- 실험 3 응고제 종류에 따른 치즈의 품질 비교
- 실험 4 우유 종류에 의한 요구르트의 겔 강도 비교
- 실험 5 우유의 혼합방법에 의한 토마토 수프의 응고물 형성

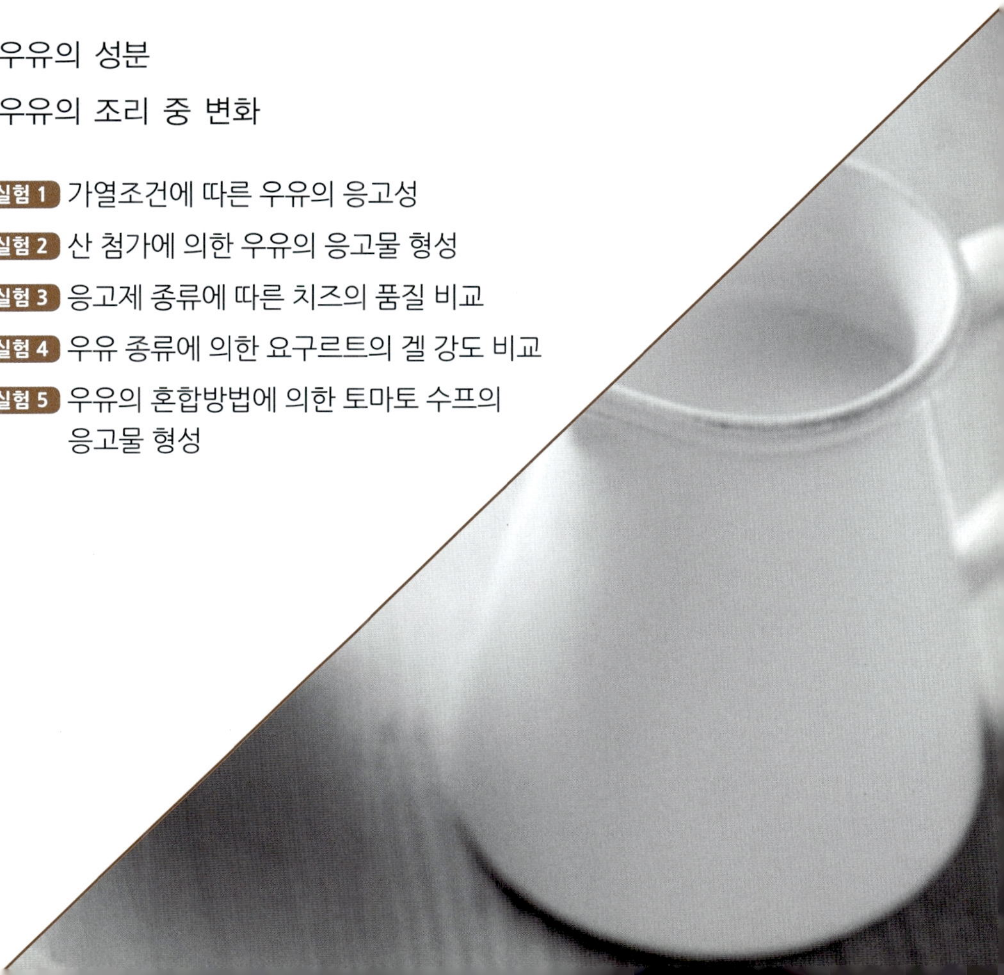

1. 우유의 성분

우유의 수분 함량은 87~88%이며, 단백질 3~4%, 지방 3~4%, 유당 4.0~5.5%, 무기질 0.5~1.1%로 구성되어 있다.

(1) 우유의 일반적 성분

1) 단백질

우유의 단백질은 완전단백질로 성장과 생명 유지에 필요한 필수아미노산을 함유하고 있다. 우유 단백질의 약 80%를 차지하고 있는 카제인은 산과 레닌에 의해 응고되지만 열에 의해서는 응고되지 않는다. 우유 단백질의 약 20%를 차지하고 있는 유청 단백질은 락토알부민, 락토글로불린 등으로 구성되어 있다. 유청 단백질은 산과 레닌에 의해서는 응고되지 않지만 65℃ 이상의 열에 의해서는 쉽게 응고되면서 피막을 형성하고 바닥에 침전물을 생기게 한다.

2) 지방

우유의 지방은 대부분 중성지질이고 지방산은 포화지방산이 60~70%, 나머지는 불포화지방산으로 되어 있다. 그 밖에 인지질, 당지질, 스테롤 등이 소량 함유되어 있다. 우유에는 탄소 수가 짧은 저급지방산이 비교적 많아 소화, 흡수가 양호하고 독특한 향미를 주지만 리파아제가 작용되면 유리지방산이 생성되어 이취가 나타나 품질을 저하시킨다.

3) 탄수화물

우유의 탄수화물 중 99%가 유당으로 되어 있다. 유당은 용해도가 낮아 결정화가 잘 되므로 아이스크림 제조 시 문제가 되고, 150~160℃에서 캐러멜화가 시작되어 갈변하게 되므로 조리 시 주의해야 한다. 유당은 정장 작용과 칼슘흡수율을 높이는 역할을 하기도 한다.

4) 무기질과 비타민

우유에는 칼슘, 마그네슘, 칼륨, 나트륨 등 무기질이 비교적 골고루 분포되어 있으나 철과 구리는 적게 들어 있다. 우유에는 비타민 A · D, 리보플라빈, 나이아신 등이 함유되어 있으나 비타민 C와 E는 부족하게 들어 있다.

(2) 우유의 색과 향미

우유의 유백색은 카제인과 칼슘 복합체, 리보플라빈, 지방 등이 콜로이드 용액으로 분산된 것이 빛에 반사되어 형성된 것이다. 우유의 황색은 카로티노이드 색소, 담황색은 리보플라빈에 의해 형성된 것이다.

우유의 유당은 약간의 단맛을 형성하며, 아세톤, 아세트알데히드, 디메틸설파이드, 저급 지방산 등은 우유의 독특한 향을 생성시킨다.

2. 우유의 조리 중 변화

(1) 가열에 의한 변화

1) 단백질 응고

카제인은 보통의 조리온도에서는 변화가 없지만 유청 단백질인 락토알부민과 락토글로불린은 65℃ 이상의 열에 의해서 응고된다. 우유를 냄비에 넣고 직접 가열하면 냄비의 밑바닥에 눌어붙는 현상이 생기는데 이는 락토알부민이 열에 의해 응고하여 갈변되었기 때문이다. 우유를 저으면서 가열하거나 중탕으로 가열하면 우유가 눌어붙는 것을 방지할 수 있다.

2) 피막 형성

우유의 작은 지방구는 열에 의해 상층에 모이게 되는데, 상층에 모인 지방과 유청 단백질이 결합하여 피막이 형성된다. 피막 성분의 70% 이상이 지방이고 나머지는 유청 단백질이다. 형성된 피막을 제거하게 되면 영양 손실이 일어나게 된다. 뚜껑을 덮고 가열하거나 우유를 저어 가면서 가열하면 우유의 피막 형성을 방지할 수 있다.

3) 갈변현상

우유를 고온에서 장시간 가열하면 우유의 단백질과 유당이 마이야르 반응을 일으켜서 갈색물질을 형성한다. 우유의 갈변현상은 영양가의 저하를 초래하므로 주의해야 한다.

4) 향미의 변화

우유를 75℃ 정도로 가열하면 익은 냄새가 나는데 이는 락토글로불린의 3차 구조가 풀리면서 -SH기가 활성화되고 이로 인해 분자량이 작은 휘발성 황화물과 황화수소가 생성되어 나타나는 현상이다.

(2) 산에 의한 변화

우유에 있는 단백질 카제인은 첨가된 산에 의해 응고물이 형성된다. 이는 카제인의 등전점이 pH 4.6이므로 등전점에 가깝게 되어 카제인이 침전하기 때문이다. 또한 우유에 유산균을 접종시키면 유당이 젖산으로 전환되어 우유의 pH가 저하되고 카제인이 등전점에 이르게 되어 응고, 침전하게 된다. 이러한 성질을 이용하여 치즈나 요구르트 같은 유제품을 제조한다.

토마토 크림수프를 만들 때 토마토의 양이 많으면 열을 가하지 않아도 응고가 일어나는데, 이는 토마토의 산도가 pH 4.4~4.6 정도로 카제인의 등전점에 가깝기 때문이다. 이러한 응고현상을 막으려면 토마토를 먼저 가열하여 산을 휘발시킨 다음 우유를 넣는 것이 좋다.

(3) 효소에 의한 변화

우유에 효소 레닌을 첨가하면 수용성 카제인은 분해되어 수용성 파라카제인이 되었다가 우유 속의 Ca^{2+}이온과 결합하여 불용성 칼슘 파라카제네이트를 형성한다. 따라서 레닌으로 만든 체다 치즈는 산으로 만든 코티지 치즈보다 단단하고 질기지만 칼슘은 더 많이 함유하고 있다.

실험 1 · 가열조건에 따른 우유의 응고성

1. 실험목적

가열에 의한 우유의 변화를 관찰하여 우유의 열 응고성을 이해한다.

2. 실험재료

우유 600mL

3. 실험기구 및 기기

메스실린더, 피펫, 타이머, 유리막대기, 조리기구

4. 실험방법

❶ 우유는 200mL씩 3그룹으로 준비한다.
❷ 우유는 다음과 같은 조건으로 약한 불에서 가열한다.
A : 뚜껑을 닫고 10분 가열
B : 뚜껑을 열고 10분 가열
C : 뚜껑을 열고 저으면서 10분 가열
❸ 우유 표면에 피막이 형성된 정도, 침전물의 응고 정도, 갈변 정도를 평가한다.

5. Flow Chart

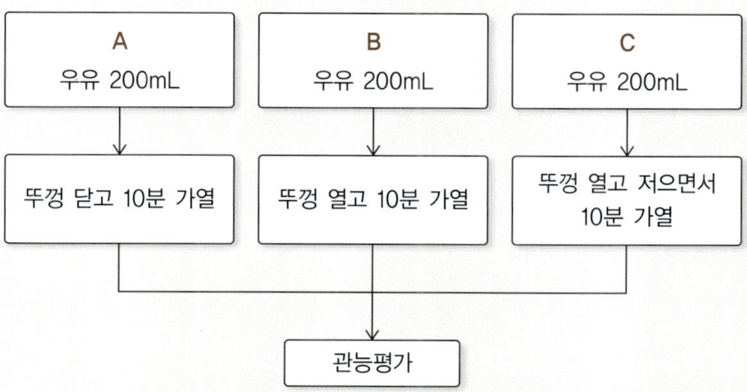

6. 실험결과

시료	표면에 피막이 형성된 정도[1]	침전물의 응고 정도[2]	갈변 정도[3]
A			
B			
C			

1)~3) 묘사법

7. 고찰

실험 2 · 산 첨가에 의한 우유의 응고물 형성

1. 실험목적

산에 의해 우유가 응고되는 것을 관찰하여 우유의 응고원리를 이해한다.

2. 실험재료

우유 300mL
식초, 레몬즙, 토마토즙 각 15mL

3. 실험기구 및 기기

메스실린더, 비커, 피펫, 저울, 타이머, pH 측정기, 체, 면포, 유리막대기, 조리기구

4. 실험방법

❶ 시료는 다음과 같이 준비하여 10초간 잘 섞는다.
A : 우유 100mL, 식초 15mL
B : 우유 100mL, 레몬즙 15mL
C : 우유 100mL, 토마토즙 15mL
❷ 각 시료는 pH를 측정하고 30분 정도 방치한다.
❸ 체에 면포를 깐 후 응고된 우유를 조금씩 부으면서 응고물과 유청을 분리한다.
❹ 응고물을 꼭 짠 후 무게를 측정한다.
❺ 수율은 다음과 같이 계산한다.

$$\text{수율(\%)} = \frac{\text{응고물의 무게(g)}}{\text{우유의 부피(mL)}} \times 100$$

❻ 응고물의 상태를 평가한다.

5. Flow Chart

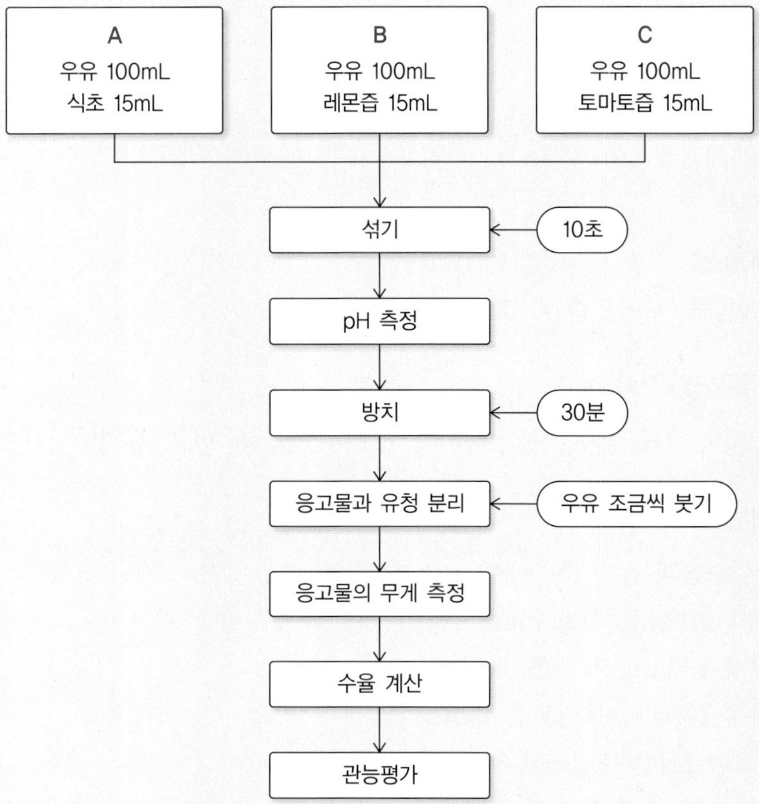

6. 실험결과

시료	pH	수율(%)	응고물의 상태[1)]
A			
B			
C			

1) 묘사법

7. 고찰

실험 3 · 응고제 종류에 따른 치즈의 품질 비교

1. 실험목적

우유가 산과 효소에 의해 응고되는 기작을 알아보고 치즈 제조의 원리를 이해한다.

2. 실험재료

우유 800mL, 레몬즙 30mL, 레닌 2.5g

3. 실험기구 및 기기

메스실린더, 비커, 피펫, 저울, 타이머, 온도계, 항온수조기, 석면망, 체, 면포, 유리막대기, 조리기구

4. 실험방법

❶ 비커에 우유 400mL를 넣고 불에 얹어 저으면서 50℃까지 데운 다음 30~40℃로 식힌다. 레몬즙 30mL를 넣어 저어 주고 10분 정도 지나면 체에 면포를 얹고 응고물을 조금씩 부어 거른다(A).

❷ 비커에 우유 400mL를 넣고 불에 얹어 저으면서 50℃까지 데운 다음 레닌 2.5g을 넣어 잘 섞는다. 50℃의 항온수조기에서 30분간 방치한 후 체에 면포를 얹고 응고물을 조금씩 부어 거른다(B).

❸ 체에 남은 응고물을 꼭 짜서 물기를 빼고 치즈의 무게를 측정하여 수율을 계산한다.

$$\text{수율(\%)} = \frac{\text{치즈의 무게(g)}}{\text{우유의 부피(mL)}} \times 100$$

❹ 치즈의 탄력성, 경도, 색, 맛, 기호도를 평가한다.

5. Flow Chart

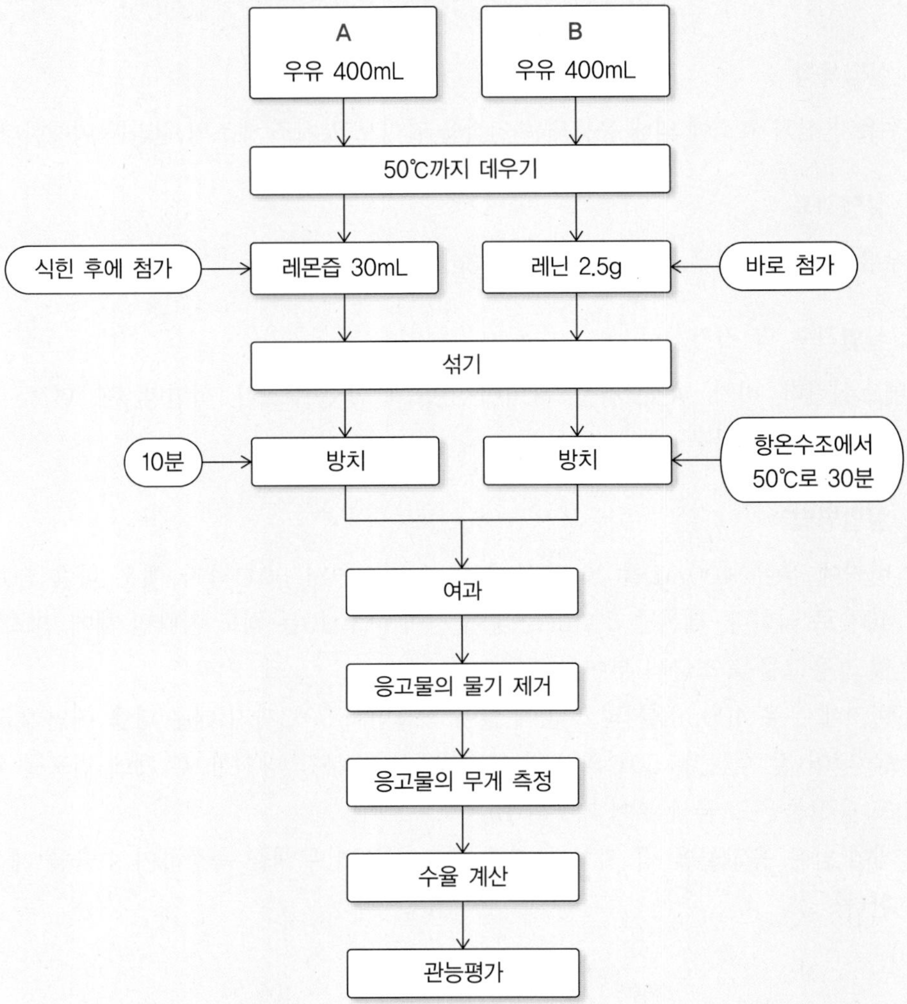
A
우유 400mL
B
우유 400mL
50℃까지 데우기
식힌 후에 첨가
레몬즙 30mL
레닌 2.5g
바로 첨가
섞기
10분
방치
방치
항온수조에서
50℃로 30분
여과
응고물의 물기 제거
응고물의 무게 측정
수율 계산
관능평가

6. 실험결과

시료	수율(%)	탄력성[1)]	경도[2)]	색[3)]	맛[4)]	기호도[5)]
A						
B						

1)~3) 묘사법
4), 5) 순위척도법(좋은 것부터)

7. 고찰

응용조리 · 우유의 응고성을 이용한 조리

리코타 치즈	
재료 우유 400mL 생크림 180mL 레몬즙 60mL 소금 3g	**만드는 법** ❶ 냄비에 우유, 생크림을 넣고 약불에서 끓인다. ❷ 살짝 끓어오르기 시작하면 레몬즙, 소금을 넣고 거품기로 계속 저으면서 약불에서 10~15분 정도 끓인다. ❸ 플레인 요구르트 같은 농도가 되면 불을 끄고 1~2분간 섞어 준다. ❹ 고운체에 면포를 깔고 ❸을 붓고 물기를 뺀다. ❺ 냉장고에 하룻밤 보관한다.

실험 4 · 우유 종류에 의한 요구르트의 겔 강도 비교

1. 실험목적

우유의 종류가 요구르트의 겔 강도와 기호성에 미치는 영향을 알아본다.

2. 실험재료

일반 우유, 저지방 우유, 딸기 맛 우유, 무가당 연유 각 200mL
시판 플레인 요구르트 60mL

3. 실험기구 및 기기

메스실린더, 비커, 피펫, 타이머, 온도계, 항온수조기, 석면망, 알루미늄 호일, 유리막대기, 조리기구

4. 실험방법

❶ 시료는 다음과 같이 준비하여 50℃로 데운다.
A : 일반 우유 200mL
B : 저지방 우유 200mL
C : 딸기 맛 우유 200mL
D : 무가당 연유 200mL

❷ 각 시료에 시판 플레인 요구르트를 15mL씩 넣어 잘 섞는다.

❸ ❷에 알루미늄 호일을 덮고 항온수조기에서 47℃로 6~8시간 발효시킨다.

❹ 발효시킨 요구르트를 냉장고에 넣어 4시간 냉각시킨 다음 겔의 강도, 맛, 기호도를 평가한다.

5. Flow Chart

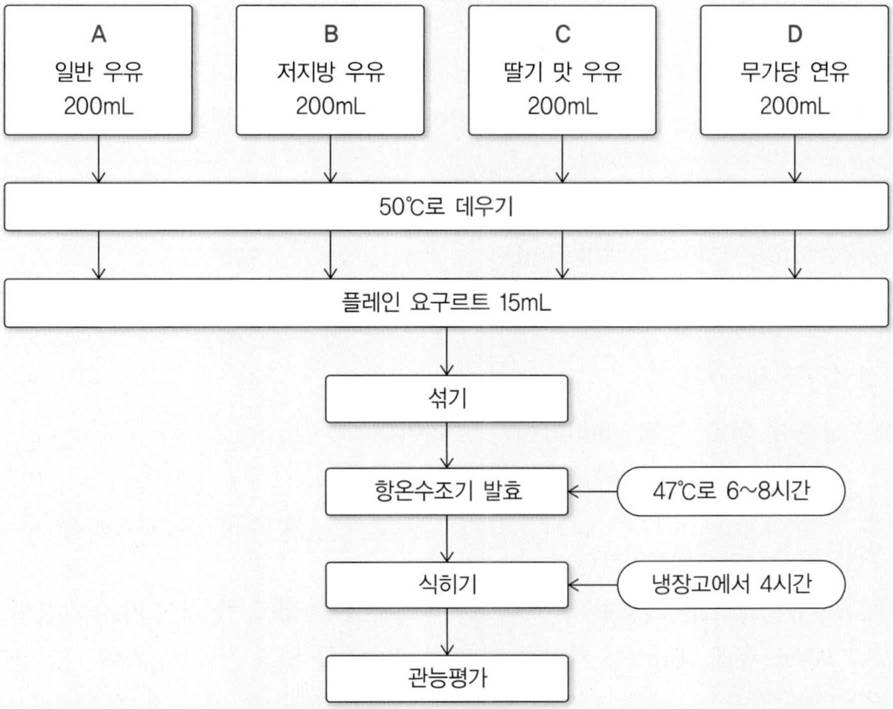

6. 실험결과

시료	겔 강도[1]	맛[2]	기호도[3]
A			
B			
C			
D			

1) 묘사법
2), 3) 순위척도법(좋은 것부터)

7. 고찰

실험 5 · 우유의 혼합방법에 의한 토마토 수프의 응고물 형성

1. 실험목적

토마토 수프를 만들 때 우유의 혼합방법이 응고물 형성에 미치는 영향을 알아본다.

2. 실험재료

우유 268mL, 토마토퓨레 280mL
밀가루 6g, 버터 8g

3. 실험기구 및 기기

메스실린더, 피펫, 저울, 유리막대기, 조리기구

4. 실험방법

❶ 시료는 다음과 같이 처리한다.

A : 우유 67mL를 가열한 후 토마토퓨레 70mL를 넣고 잘 저어 가며 가열한다.

B : 토마토퓨레 70mL를 가열한 후 우유 67mL를 넣고 잘 저어 가며 가열한다.

C : 밀가루 3g과 버터 4g을 잘 섞은 다음 우유 67mL를 넣고 잘 저으면서 가열한다. 여기에 토마토퓨레 70mL를 첨가하여 잘 저어 가며 가열한다.

D : 밀가루 3g과 버터 4g을 잘 섞은 다음 토마토퓨레 70mL를 넣고 잘 저으면서 가열한다. 여기에 우유 67mL를 첨가하여 잘 저어 가며 가열한다.

❷ 각 응고물의 외관, 맛, 기호도를 평가한다.

5. Flow Chart

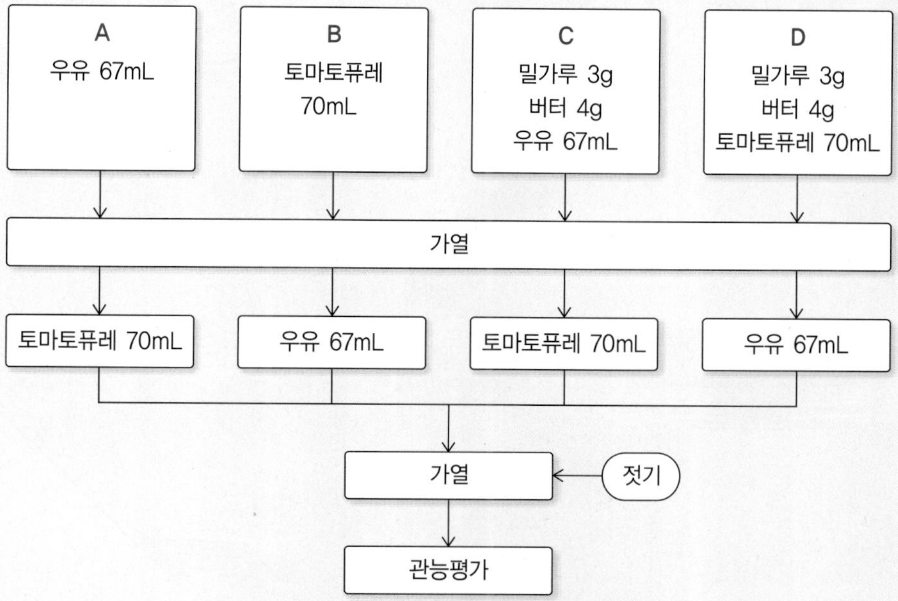

6. 실험결과

시료	외관[1]	맛[2]	기호도[3]
A			
B			
C			
D			

1) 묘사법
2), 3) 순위척도법(좋은 것부터)

7. 고찰

CHAPTER

11 유지류의 조리

01 유지의 성질

02 유지의 산패

03 유지를 이용한 조리

실험 1 유지의 발연점 측정

실험 2 마요네즈의 유화 실험

실험 3 프렌치 드레싱의 안정성

실험 4 튀김옷 성분에 의한 튀김의 품질 비교

실험 5 튀김옷의 온도와 젓는 횟수의 영향

실험 6 튀김방법에 따른 튀김옷의 역할

1. 유지의 성질

(1) 용해성

유지는 물과 알코올에는 잘 녹지 않으나 에테르, 석유에테르, 벤젠, 클로로포름 등의 유기용매에 잘 녹는다. 같은 용매에서는 탄소 수가 많고 불포화도가 높을수록 잘 녹지 않는다.

(2) 비중

유지의 비중은 0.92~0.94로 물보다 가벼워 물에 뜬다. 지방산의 탄소 수와 불포화지방산의 함량이 많을수록 비중은 커진다.

(3) 융점

융점은 녹는점으로 고체지방이 액체기름으로 되는 온도이다. 지방산의 탄소 수가 증가할수록 융점은 높아지고, 불포화도가 증가할수록 융점은 낮아진다. 따라서 실온에서 액체인 식물성유지는 불포화지방산의 함량이 많아 융점이 낮고, 동물성지방은 포화지방산의 함량이 높아 융점이 높으므로 상온에서 고체이다.

(4) 발연점

유지를 가열할 때 유지 표면에서 엷은 푸른 연기가 발생할 때의 온도를 발연점이라 한다. 연기의 성분은 지방산, 알데히드(aldehyde), 케톤(ketone), 아크롤레인(acrolein) 등이다.

특히 아크롤레인은 눈, 코를 자극하는 불쾌한 냄새 성분이다.

표 11-1 발연점에 영향을 주는 조건

유리지방산의 함량	유리지방산의 함량이 높은 기름은 발연점이 낮다.
기름의 표면적	기름을 담은 그릇의 표면적이 넓거나 공기와 접촉면이 넓으면 발연점이 낮아진다.
이물질의 존재	정제도가 낮거나 다른 물질이 많으면 발연점이 낮아진다.
사용 횟수	사용을 반복한 기름은 횟수의 증가에 따라 발연점이 낮아진다. 한 번 사용할 때마다 약 10~15℃ 낮아진다.
지방흡수와의 관계	식품의 지방흡수는 발연점이 낮을수록 많아진다.

따라서 튀김을 할 때에는 발연점이 높은 유지가 좋다. 발연점이 저하된 유지는 원하는 상태로 조리되지 않는다. 발연점 저하의 원인은 여러 가지가 있다.

표 11-2 식용 유지의 발연점

종류	발연점(℃)
옥수수기름	227
대두유	256
면실유	222~232
버터	208
돼지기름	190
올리브유	175

2. 유지의 산패

식용 유지와 유지 함유식품을 오랫동안 저장하면 빛깔이 변하고 맛과 냄새가 차츰 변하는데 이와 같은 유지의 품질 저하현상을 산패(rancidity)라고 한다. 산패의 종류는 냄새 흡수에 의한 산패, 가수분해에 의한 산패, 산화에 의한 산패로 분류된다.

(1) 냄새흡수에 의한 산패

유지류는 냄새의 흡수력이 강하여 주위의 냄새를 흡수하면 본래의 냄새가 변하여 좋지 않은 냄새를 내게 한다. 이 냄새는 조리 후에도 남아 있으므로 유지식품을 보관할 때 포장이나 밀폐용기 사용 등 이질적인 냄새가 식품에 배지 않도록 한다.

(2) 가수분해에 의한 산패

가수분해에 의한 산패는 유지와 수분의 접촉 또는 지방 분해효소 리파아제(lipase)에 의해 일어나며, 그 결과 글리세롤과 유리지방산을 형성한다. 이러한 현상은 불포화지방산이 높은 식물성유지, 어유 등과 저급지방산, 그리고 수분 함량이 많은 우유나 유제품에서 많이 나타나며 특히 뷰트릭산(butyric acid)과 카프로산(caproic acid) 등의 휘발성 지방산이 분해되어 불쾌한 냄새가 난다.

(3) 산화에 의한 산패

산패의 가장 주된 원인은 산화에 의한 산패이다. 유지식품을 저장, 보관할 때 공기 중의 산소를 흡수하여 일어나며 산화를 촉진하는 요인으로는 공기, 온도, 금속, 빛 등이다.

3. 유지를 이용한 조리

유지류는 조리에 다양하게 이용된다. 음식을 볶거나 튀기거나 나물을 무칠 때 식용유를 사용하면 음식의 맛과 향이 좋아진다. 기름을 열의 매체로써 사용하는 튀김은 높은 온도로 조리하기 때문에 물을 사용할 때보다 가열시간이 단축되고 식품의 색과 성분의 손실이 적다.

빵과 과자 등 밀가루 제품에서는 유지가 글루텐의 그물망의 결속을 억제하여 밀가루 입자에 지방이 골고루 입혀져 서로 부착되지 않고 부드러우며, 밀었을 때 얇은 층이 생겨 구운 후 바삭바삭하다. 또한 고체지방을 크리밍하는 과정에서 공기가 많이 포함되어 제품의 부피를 증가시키고 조직을 부드럽게 하는 연화 작용을 한다. 샐러드 드레싱에서 기름은 유화액으로 사용하는 등 다양하게 쓰인다.

(1) 튀김

기름을 열매체로 하는 튀김은 고온에서 단시간 조리하므로 재료의 수분이 증발하고 기름이 흡수되어 바삭바삭한 질감과 함께 영양소나 맛의 손실이 가장 적은 조리법이며 튀기는 과정에서 휘발성 향기성분이 생성된다.

1) 튀김유

튀김에 적합한 기름은 정제가 잘 된 콩기름, 옥수수유, 면실유 등 발연점이 높은 식물성유나 유화제가 들어있지 않은 쇼트닝이 적합하다.

2) 튀김온도와 시간

튀김은 식품의 종류와 크기, 튀김옷에 따라 다르나 보통 180℃ 전후에 튀기는 것이 일반적이다. 겉만 익으면 되는 것은 높은 온도에서 짧은 시간 튀기고, 속까지 충분히 익혀야 하는 것은 낮은 온도에서 장시간 튀기는 것이 좋다.

표 11-3 튀김옷을 이용한 기름의 온도 확인과 해당 식품

	튀김옷의 상태	기름온도(℃)	해당 식품
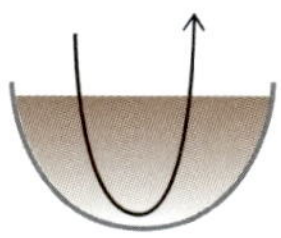	바로 바닥에 가라앉고 조금 후 떠오르며 거품이 적음	140~150	· 감자칩, 고구마칩 (튀김옷 입히지 않음)
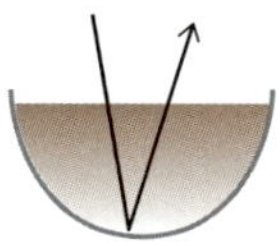	바닥에 가라앉았다가 바로 떠오름	160	· 채소튀김(튀김옷 입힘)
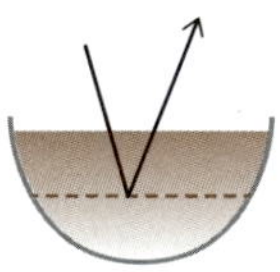	중간까지 가라앉았다가 바로 떠오름	170~180	· 생선튀김, 닭튀김 (마른 가루 씌움) · 도넛
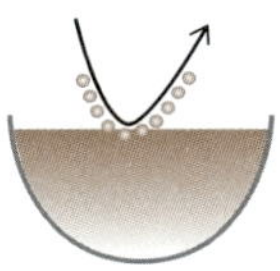	넣자마자 파르르 소리를 내며 표면에서 흩어지고 거품이 많음	190	· 굴튀김(빵가루 씌움) · 크로켓
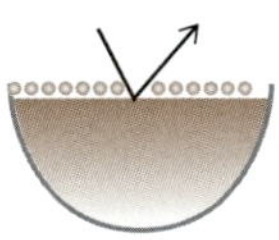	넣자마자 표면에서 퍼짐	200	· 아이스크림 튀김 (냉동시켜 튀김옷 입힘)

3) 튀김의 종류

튀김의 종류에는 그냥 튀기기, 가루 씌워서 튀기기, 튀김옷 입혀서 튀기기 등이 있다.

❶ 그냥 튀기기

재료에 아무것도 씌우지 않고 그대로 튀기는 방법으로서 재료의 수분을 어느 정도 제거하고 모양을 살리면서 조리하는 방법이다. 따라서 수분 함량이 적고 조직이 단단한 재료를 튀길 때 사용하는 방법이다.

❷ 가루 씌워 튀기기

재료의 표면에 밀가루나 전분을 입혀서 튀기는 것으로서 재료의 감칠맛과 동시에 바삭바삭하게 씹히는 맛을 낼 수 있는 방법이다. 가자미 같은 육질이 단단한 생선이나 닭고기 등은 이 방법으로 튀긴다.

❸ 튀김옷 입혀서 튀기기

서양요리, 중국요리, 일본요리의 튀김에는 튀김옷의 재료가 다르지만 잘 된 튀김의 평가 기준은 동일하다. 잘 된 튀김은 튀김옷이 질기지 않아야 되고, 튀김옷이 두껍지 않아야 되며, 기름이 적게 흡수되어 있어야 한다.

4) 튀김옷의 재료

튀김옷은 튀기기 직전에 물과 달걀 푼 것에 체 친 가루를 넣고 글루텐이 지나치게 형성되지 않도록 가볍게 섞은 후 차게 하여 사용한다. 튀김옷을 입혀서 튀기면 재료의 수분 및 단맛의 증발을 줄이고 기름을 흡수하여 맛이 좋아진다. 새우튀김 같이 재료의 수분이 유지되어야 하는 것은 튀김옷을 입혀서 튀긴다.

표 11-4 튀김옷의 재료 및 특징

재료	특징
밀가루	튀김에는 글루텐이 적어 흡습성이 약하고 탈수가 잘 되는 박력분이 좋다. 박력분이 없으면 중력분에 전분을 섞어 사용한다.
식소다	밀가루 중량의 0.01~0.2% 정도의 식소다를 넣으면 탄산가스 발생과 동시에 수분이 증발하여 습기가 차지 않으며 가볍고 바삭하게 된다.
물	단백질의 수화를 늦게 하고 글루텐의 형성이 잘 되지 않도록 하기 위하여 15℃ 정도의 찬 물을 2.2~2.5배 넣으면 튀김옷이 두꺼워지지 않고 바삭하게 튀겨진다.
달걀	달걀은 반죽의 글루텐 형성을 도와 튀김옷의 경도를 높이고 맛도 좋게 한다. 그러나 튀김이 오래되면 눅눅해지는 단점이 있다.
설탕	설탕은 튀김옷의 글루텐 형성을 방해하여 튀김옷을 연하게 만들고 적당히 갈변시킨다.

(2) 쇼트닝

밀가루 제품에서 유지의 역할은 글루텐의 형성을 방해하여 연화시키는 것이다. 케이크나 쿠키를 만들 때 밀가루 반죽에 유지를 첨가하면 글루텐 표면을 유지가 둘러싸서 글루텐 망상 구조를 형성하지 못하도록 서로 분리시켜 층을 형성함으로써 글루텐의 길이를 짧게 한다. 파이, 패스트리, 약과 등이 그 예이다. 쇼트닝성이 좋은 유지는 라드, 쇼트닝, 버터, 마가린의 순이다.

반죽 내의 유지의 온도는 고체지방의 온도가 낮으면 쇼트닝성이 적으며 온도가 올라가면 퍼짐성이 좋아지고 쇼트닝성이 커진다. 즉, 부드러운 쿠키를 만들려면 온도를 높여 녹인 버터를, 폭신한 파운드케이크는 상온에서 녹인 버터를, 켜켜로 층을 만들어야 하는 패스트리 반죽은 냉장 보관하여 사용한다.

(3) 가소성

고체지방은 외부에서 가해지는 힘에 의해 자유롭게 변하는 가소성(plasticity)이 있어 제과 반죽에서 다양한 모양을 만들 수 있다. 가소성은 라드가 가장 크고 다음은 쇼트닝, 버터, 마가린의 순으로 감소한다.

(4) 크리밍

딱딱하지 않은 반고체의 버터, 쇼트닝, 마가린 등의 지방을 빠르게 저어 주면 지방 안에 공기가 들어가 부피가 증가하여 부드럽고 하얗게 변하는 것을 크리밍(creaming)이라 한다. 유지의 크리밍성은 쇼트닝이 가장 좋고, 마가린, 버터의 순이다. 크리밍성은 온도에 따라 다른데 쇼트닝은 25℃, 버터는 20℃에서 가장 좋은 크리밍가(유지 100g을 크리밍할 때 들어가는 공기의 mL 수)를 나타낸다.

(5) 유화성

물과 기름처럼 서로 섞일 수 없는 물질을 유화제를 이용하여 서로 섞이게 해 주는 조작을 유화라고 한다. 유화의 형태는 물에 기름이 분산되어 있는 수중유적형(oil in water)과 기름에 물이 분산되어 있는 유중수적형(water in oil)이 있다. 유화 식품의 대부분은 수중유적형으로 우유, 생크림, 마요네즈, 크림수프, 케이크 반죽 등은 수중유적형이며, 버터, 마가린 등은 유중수적형이다.

실험 1 · 유지의 발연점 측정

1. 실험목적

유지의 종류에 따른 발연점을 측정하고 가열 횟수에 따른 발연점의 저하 정도를 비교하여 유지의 발연점을 이해하도록 한다.

2. 실험재료

대두유, 올리브유, 참기름 각 50mL

쇼트닝 50g

3. 실험기구 및 기기

메스실린더, 피펫, 저울, 온도계, 링 스탠드, 알코올램프, 석면, 증발접시

4. 실험방법

❶ 시료는 다음과 같이 준비하고 각 증발접시에 2cm 정도 담는다.

A : 대두유 50mL

B : 올리브유 50mL

C : 참기름 50mL

D : 쇼트닝 50g

❷ 온도계는 링 스탠드에 걸어서 접시 바닥에는 닿지 않고 시료 중심부에 닿도록 고정시킨 후 가열한다.

❸ 뒷면은 어둡게 하고 가열하는 쪽은 밝고 환기가 잘 되게 하여 연기가 잘 보일 수 있도록 한다. 이때 불꽃이 증발접시의 옆 둘레까지 올라오지 않도록 한다.

❹ 연한 푸른빛의 연기가 전면에서 발생되는 시점의 온도를 기록한다(1차).

❺ 측정이 끝난 기름은 냉각시킨 후에 가열하여 한 번 더 발연점을 측정한다(2차).

❻ 1차와 2차에서 측정된 발연점의 차이를 계산한다.

5. Flow Chart

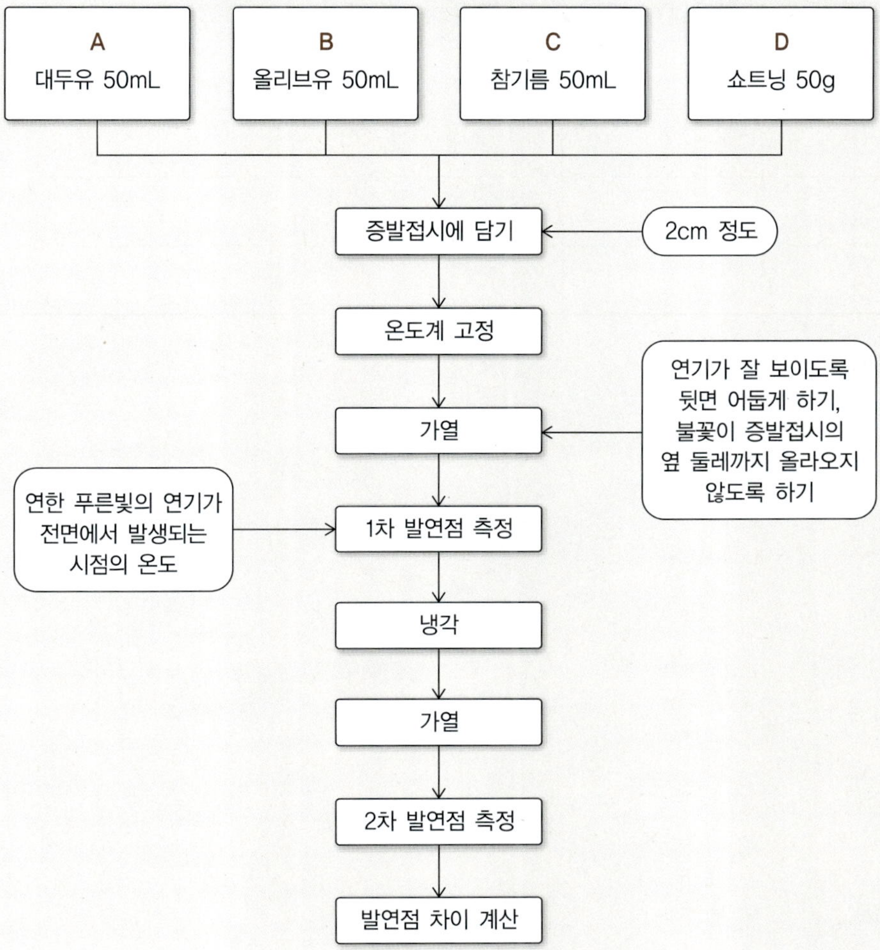
A
대두유 50mL
B
올리브유 50mL
C
참기름 50mL
D
쇼트닝 50g
증발접시에 담기
2cm 정도
온도계 고정
가열
연기가 잘 보이도록 뒷면 어둡게 하기, 불꽃이 증발접시의 옆 둘레까지 올라오지 않도록 하기
연한 푸른빛의 연기가 전면에서 발생되는 시점의 온도
1차 발연점 측정
냉각
가열
2차 발연점 측정
발연점 차이 계산

6. 실험결과

시료	1차 발연점(℃)	2차 발연점(℃)	발연점의 차이
A			
B			
C			
D			

7. 고찰

실험 2 · 마요네즈의 유화 실험

1. 실험목적

유화제를 달리하여 만든 마요네즈의 여러 특성을 비교하여 마요네즈의 유화성을 이해한다.

2. 실험재료

난황, 난백, 전란 각 17g(1개분)
기름 540mL, 식초 45mL, 소금 4.5g, 겨자 1.5g

3. 실험기구 및 기기

메스실린더, 피펫, 저울, 전기 핸드믹서, 유리볼, 조리기구

4. 실험방법

❶ 난황 17g, 기름 180mL, 식초 15mL, 소금 1.5g, 겨자 0.5g을 준비한다. 볼에 난황을 넣고 기름을 한 방울씩 넣으면서 빠르게 저어 준다. 이때 뻑뻑해지면 식초를 조금씩 넣으면서 같은 방향으로 일정하게 저어 준다. 소금과 겨자를 첨가한다(A).
❷ ❶과 같은 방법으로 하되 난황 대신 난백을 사용하여 마요네즈를 만든다(B).
❸ ❶과 같은 방법으로 하되 난황 대신 전란을 사용하여 마요네즈를 만든다(C).
❹ 각각의 마요네즈에 대하여 유화상태, 점도, 색, 맛, 기호도를 평가한다.

5. Flow Chart

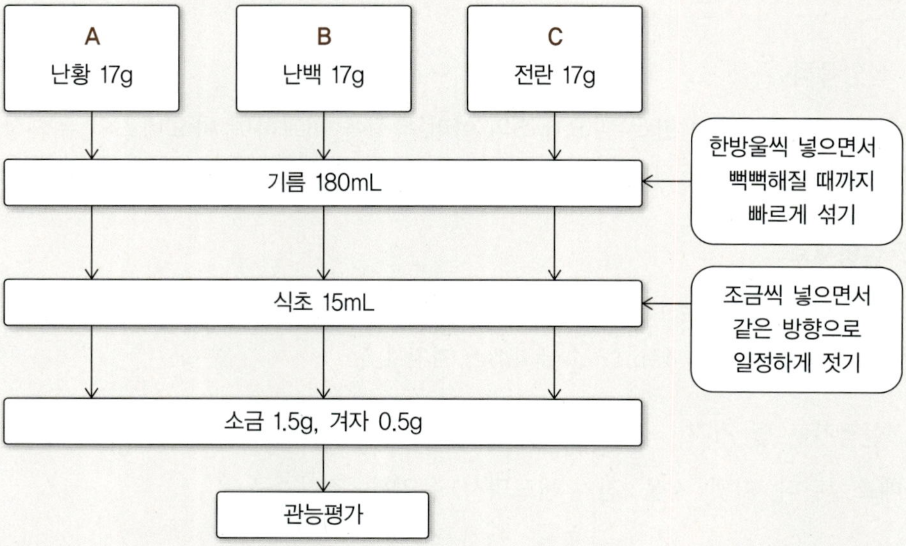

6. 실험결과

시료	유화상태[1)]	점도[2)]	색[3)]	맛[4)]	기호도[5)]
A					
B					
C					

1)~3) 묘사법
4), 5) 순위척도법(좋은 것부터)

7. 고찰

실험 3· 프렌치 드레싱의 안정성

1. 실험목적

혼합방법이 일시적 유화액인 프렌치 드레싱의 안정성에 미치는 영향을 알아본다.

2. 실험재료

식용유 300mL, 식초 150mL

3. 실험기구 및 기기

메스실린더, 피펫, 타이머, 시험관, 블렌더, 조리기구

4. 실험방법

❶ 시료는 다음과 같이 준비한다.

A : 식용유 100mL와 식초 50mL를 작은 볼에 담아 포크로 2분간 저어 준다.

B : 식용유 100mL와 식초 50mL를 시험관에 넣어 엄지손가락으로 막고 세차게 2분간 흔들어 준다.

C : 식용유 100mL와 식초 50mL를 블렌더에 넣어 1분간 돌려 주고 잠깐 쉬었다가 다시 1분간 돌려 준다.

❷ 각 시료는 10분간 정지시킨다.

❸ 각 시료의 유화상태 지속시간을 측정하고 색, 맛, 기호도를 평가한다.

5. Flow Chart

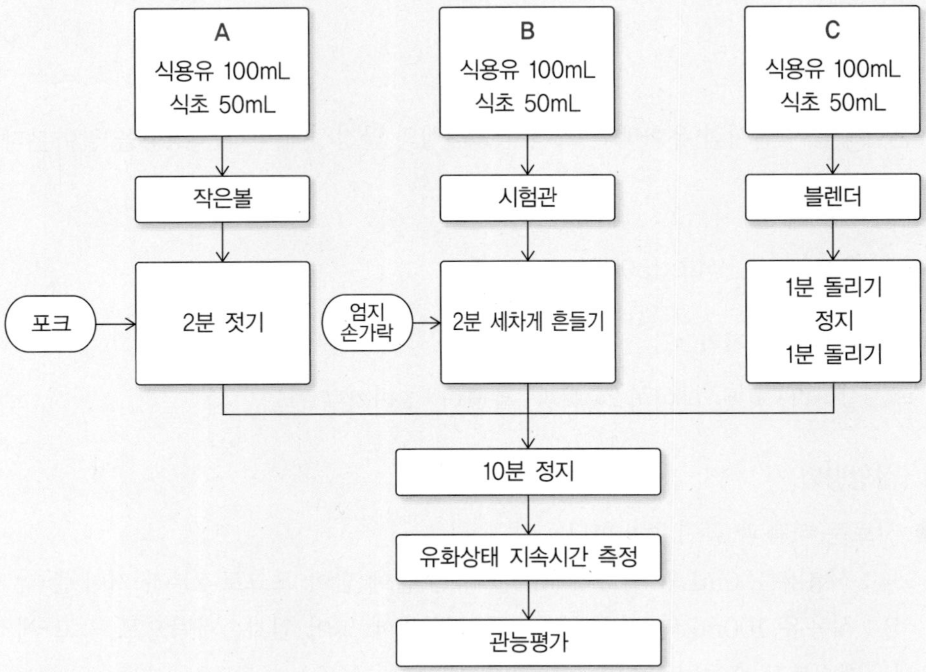

6. 실험결과

시료	유화상태 지속시간(분)	색[1]	맛[2]	기호도[3]
A				
B				
C				

1), 2) 묘사법
3) 순위척도법(좋은 것부터)

7. 고찰

응용조리 · 프렌치 드레싱을 이용한 조리

발사믹 드레싱

재료	만드는 법
올리브유 100mL 발사믹식초 50mL 양파 30g, 바질 6g 타임 2g, 로즈마리 2g 겨자 2g 소금 · 설탕 약간	❶ 양파, 바질, 타임, 로즈마리를 곱게 다진다. ❷ 믹싱볼에 발사믹식초와 소금을 넣고 저어 준다. ❸ 겨자를 넣고 저어 준 후 올리브유를 조금씩 넣으면서 농도를 맞춘다. ❹ 나머지 재료를 넣고 발사믹 드레싱을 완성한다.

유자 드레싱

재료	만드는 법
유자청 100g 양파 50g 식초 25mL 올리브유 20mL 소금 · 후추 약간	❶ 유자청, 양파, 식초를 믹서기로 곱게 갈아 준다. ❷ 믹싱볼에 옮겨 담고 소금, 후추를 넣고 올리브유로 농도를 맞춘다.

이탈리안 드레싱

재료	만드는 법
마늘 5g, 양파 30g 바질 5g, 파슬리 5g 타임 2g 겨자 5g 레드와인식초 50mL 올리브유 150mL 소금 약간	❶ 마늘, 양파, 바질, 파슬리, 타임을 곱게 다진다. ❷ 믹싱볼에 레드와인식초와 소금을 넣고 거품기로 저어 주면서 소금을 녹인다. ❸ 겨자를 넣고 저어 준 후 올리브유를 조금씩 넣어 가며 저어 준다. ❹ 나머지 재료를 넣고 이탈리안 드레싱을 완성한다.

실험 4 · 튀김옷 성분에 의한 튀김의 품질 비교

1. 실험목적

튀김옷의 성분을 달리하여 만든 튀김을 비교하여 품질 좋은 튀김의 최적 조건을 이해한다.

2. 실험재료

고구마(가식부) 400g, 박력분 210g, 달걀 20g, 중조 0.1g, 전분 30g
식용유 2L, 물 300mL

3. 실험기구 및 기기

메스실린더, 피펫, 저울, 타이머, 온도계, 조리기구

4. 실험방법

❶ 고구마는 100g씩 4등분 한 후 0.5cm 두께로 썬다.
❷ 튀김옷 시료는 다음과 같이 준비하여 밀가루 덩어리가 조금 남아 있을 정도로 섞는다.
A : 박력분 60g, 물 80mL
B : 박력분 60g, 달걀 20g, 물 60mL
C : 박력분 60g, 중조 0.1g, 물 80mL
D : 박력분 30g, 전분 30g, 물 80mL
❸ 각 냄비에 기름 500mL씩 담고 온도를 180℃로 유지시켜 놓는다.
❹ 고구마에 각각의 튀김옷을 입혀 양면을 각각 1분 30초간 튀긴다.
❺ 각 튀김의 색, 질감, 맛, 기호도를 평가한다.

5. Flow Chart

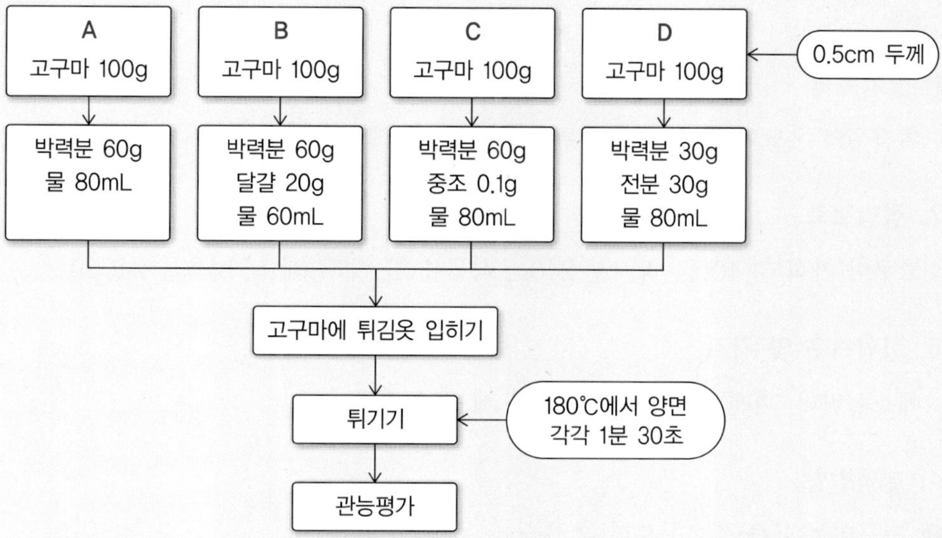

6. 실험결과

시료	색[1]	질감[2]	맛[3]	기호도[4]
A				
B				
C				
D				

1) 묘사법
2) 순위척도법(바삭바삭한 것부터)
3), 4) 순위척도법(좋은 것부터)

7. 고찰

실험 5· 튀김옷의 온도와 젓는 횟수의 영향

1. 실험목적

튀김옷의 온도와 젓는 횟수가 튀김에 미치는 영향을 알아본다.

2. 실험재료

고구마(가식부) 400g, 박력분 240g, 식용유 2L, 물 80mL, 얼음물 240mL

3. 실험기구 및 기기

메스실린더, 피펫, 저울, 타이머, 온도계, 조리기구

4. 실험방법

❶ 고구마는 100g씩 4등분한 후 0.5cm 두께로 썬다.

❷ 시료는 다음과 같이 준비하여 잘 섞는다.

가. 튀김옷의 온도차에 의한 실험

A : 박력분 60g, 물 80mL

B : 박력분 60g, 얼음물 80mL

나. 튀김옷의 젓는 횟수에 의한 실험

C : 박력분 60g, 얼음물 80mL, 젓는 횟수 6번

D : 박력분 60g, 얼음물 80mL, 젓는 횟수 50번

❸ 각 냄비에 기름 500mL씩 담고 온도를 180℃로 유지시켜 놓는다.

❹ 고구마에 각각의 튀김옷을 입혀 양면을 각각 1분 30초간 튀긴다.

❺ 각 튀김의 색, 질감, 맛, 기호도를 평가한다.

5. Flow Chart

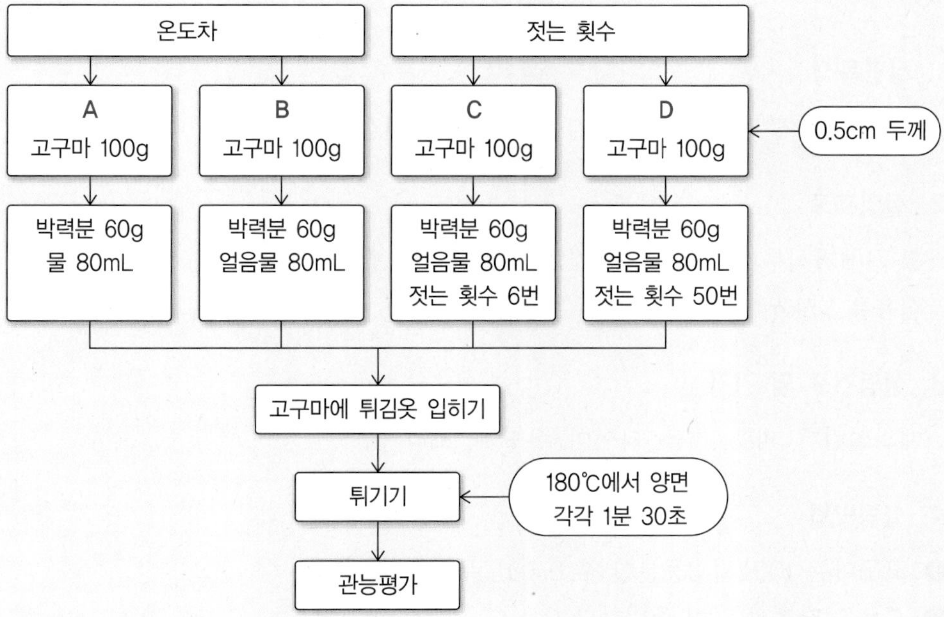

6. 실험결과

시료		색[1]	질감[2]	맛[3]	기호도[4]
튀김옷의 온도차	A				
	B				
튀김옷의 젓는 횟수	C				
	D				

1) 묘사법
2) 순위척도법(바삭바삭한 것부터)
3), 4) 순위척도법(좋은 것부터)

7. 고찰

실험 6 · 튀김방법에 따른 튀김옷의 역할

1. 실험목적

튀김방법을 달리하여 만든 튀김을 비교한 후 튀김옷의 역할을 이해한다.

2. 실험재료

고구마(가식부) 300g, 박력분 120g, 달걀 1개, 빵가루 60g
식용유 1.5kg, 물 80mL

3. 실험기구 및 기기

메스실린더, 피펫, 저울, 타이머, 온도계, 조리기구

4. 실험방법

❶ 고구마는 100g씩 3등분한 후 0.5cm 두께로 썬다.
❷ 시료는 다음과 같이 준비한다.
A : 튀김옷 없음
B : 튀김옷(박력분 60g, 물 80mL)
C : 빵가루(박력분 60g, 달걀 1개, 빵가루 60g)
❸ 각 고구마에 B와 C를 입힌 후 각각의 무게를 측정한다.
❹ 각 냄비에 기름 500g씩 담고 180℃로 유지시켜 놓는다.
❺ 각 시료를 튀기면서 조리시간을 체크한다.
❻ 튀긴 고구마의 무게를 측정한다.
❼ 각 냄비에 남은 기름의 무게를 측정한다.
❽ 흡유량과 탈수율은 다음과 같이 계산한다.

$$\text{흡유량(g)} = \text{튀기기 전의 기름 무게} - \text{튀긴 후의 기름 무게}$$

$$\text{탈수율(\%)} = \frac{\text{튀기기 전의 고구마 무게} - (\text{튀긴 후 고구마 무게} - \text{흡유량})}{\text{튀기기 전의 고구마 무게}} \times 100$$

❾ 각 튀김의 색, 질감, 맛, 기호도를 평가한다.

5. Flow Chart

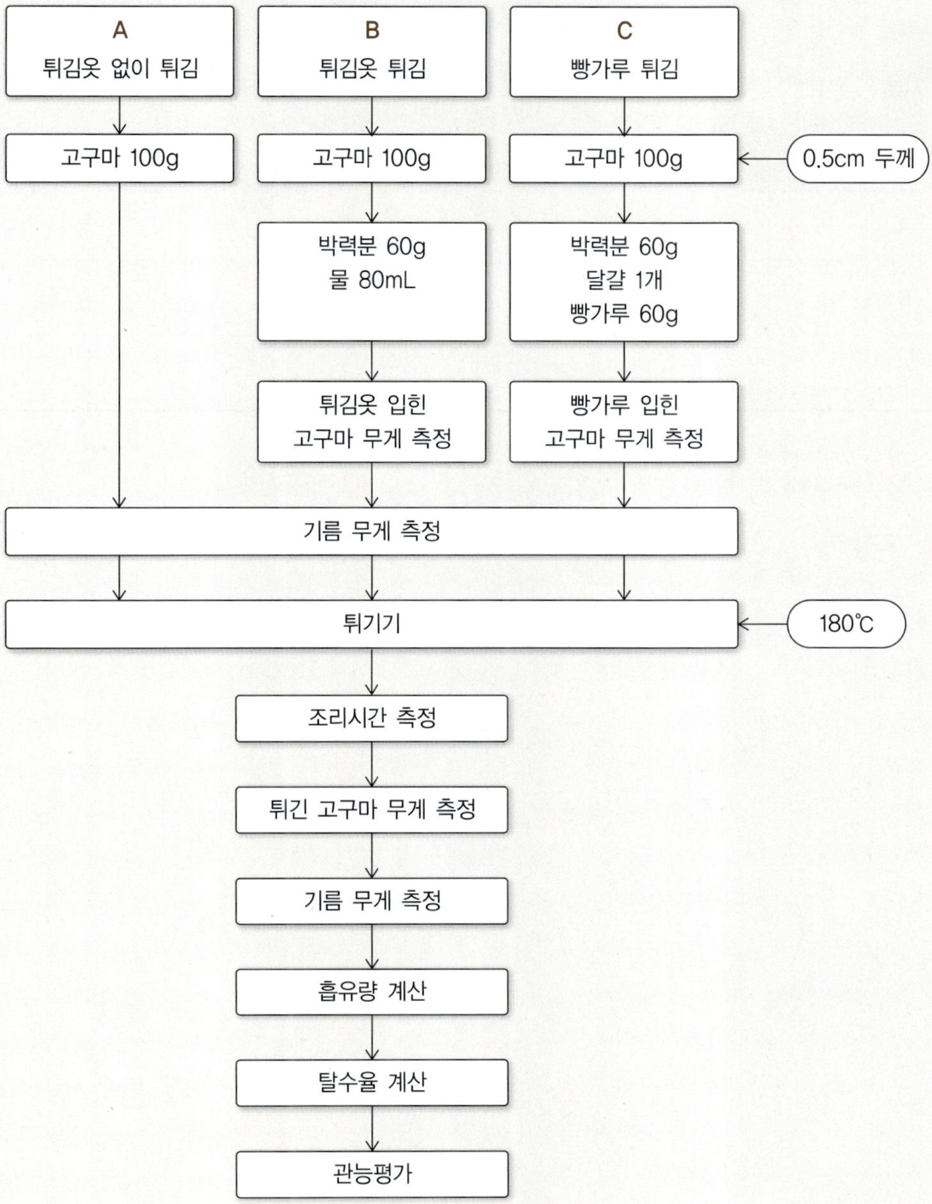
A
튀김옷 없이 튀김
B
튀김옷 튀김
C
빵가루 튀김
고구마 100g
고구마 100g
고구마 100g
0.5cm 두께
박력분 60g
물 80mL
박력분 60g
달걀 1개
빵가루 60g
튀김옷 입힌
고구마 무게 측정
빵가루 입힌
고구마 무게 측정
기름 무게 측정
튀기기
180℃
조리시간 측정
튀긴 고구마 무게 측정
기름 무게 측정
흡유량 계산
탈수율 계산
관능평가

6. 실험결과

시료	조리 시간 (분)	고구마 무게(g)		흡유량 (g)	탈수율 (%)	색[1]	질감[2]	맛[3]	기호도[4]
		튀기기 전	튀긴 후						
A									
B									
C									

1) 묘사법
2) 순위척도법(바삭바삭한 것부터)
3), 4) 순위척도법(좋은 것부터)

7. 고찰

응용조리 · 튀김옷을 달리한 튀김

고구마 튀김	
재료	**만드는 법**
고구마 100g 난황 1개 박력분 60g 시판 튀김가루 60g 식용유 500mL 얼음물 160mL	❶ 난황에 얼음물을 넣는다. ❷ 박력분과 시판 튀김가루는 ❶의 난황물에 잘 섞는다. 이때 반죽의 알갱이는 작고 많아야 하며 반죽의 상태는 뚝뚝 떨어지는 정도가 좋다. ❸ 고구마에 튀김옷을 입혀 180℃에서 튀긴다.

생선 커틀릿	
재료	**만드는 법**
흰살생선 200g 박력분 30g 달걀 1개 빵가루 50g 식용유 500mL 소금 · 후추 · 레몬즙 약간	❶ 흰살생선은 포를 떠서 소금, 후추, 레몬즙으로 간을 한 후 물기를 제거한다. ❷ ❶의 생선살은 박력분, 달걀, 빵가루 순서로 입혀서 180℃의 기름에 튀긴다. ❸ 타르타르 소스를 곁들인다.

※ 타르타르 소스 재료 및 만드는 법
달걀 1개, 오이피클 25g, 양파 30g, 파슬리 1줄기, 마요네즈 70g, 레몬즙 10mL(또는 식초 2mL), 소금 2g, 후추 1g

① 달걀은 완숙으로 삶아서 흰자와 노른자로 분류한 다음 흰자는 곱게 다지고 노른자는 체로 내린다.
② 오이피클과 양파는 곱게 다진다.
③ 파슬리는 곱게 다져서 물에 씻은 후 물기를 제거한다.
④ ①, ②에 마요네즈를 넣어 고루 섞은 후 소금, 후추, 레몬즙으로 간을 한다.
⑤ 다진 파슬리를 위에 뿌린다.

CHAPTER

12

채소와 과일의 조리

01 식물세포의 구조와 성질

02 채소와 과일의 색소

03 채소와 과일의 갈변

04 겔 형성

05 채소과 과일의 조리 중 변화

실험 1 채소의 색소 실험

실험 2 채소와 과일의 갈변 억제

실험 3 데치는 조건에 따른 채소 실험

실험 4 소금 농도에 의한 채소의 변화

실험 5 과일의 펙틴물질 추출

실험 6 당과 산 첨가가 잼 형성에 미치는 영향

1. 식물세포의 구조와 성질

채소와 과일을 구성하는 식물세포는 세포벽으로 둘러싸여 있고, 그 안에 세포막(원형질막)이 있으며 그 내부가 세포질로 채워져 있다.

(1) 세포벽

세포벽을 이루는 주요 구성 성분으로 셀룰로오스(cellulose), 헤미셀룰로오스(hemicellulose), 리그닌(lignin), 펙틴물질(pectic substance) 등이 있다.

1) 셀룰로오스

셀룰로오스는 글루코오스 분자가 β-1,4-글루코시드 결합에 의해 연결되어 있고, 분자량은 다당류 중에서 가장 크며, 천연상태에서 수만~수십만에 이르고 알칼리에는 상당히 강하나 산에서는 가수분해된다. 또한 흡수성이 있어 변에 부피와 연함을 주어 배변을 촉진시킨다.

2) 헤미셀룰로오스

헤미셀룰로오스는 D-자일로오스, D-갈락토오스, L-아라비노오스, D-글루쿠론산의 중합체이다. 셀룰로오스의 절반 정도라는 뜻이지만 분자량이 10,000~40,000 정도이다. 식물세포벽에 분포하여 세포벽을 구성하고 있으며, 묽은 산이나 염기에 의해 셀룰로오스보다 더 쉽게 가수분해되므로 가열조리과정에서 분해되어 함량이 감소된다.

3) 리그닌

리그닌은 페놀의 중합체로서 탄수화물에 속하지 않으며 채소가 성숙할수록 리그닌의 함량이 증가한다. 따라서 시금치의 줄기, 아스파라거스 순, 브로콜리 등은 성숙도가 높아짐에 따라 점차 질겨지고, 가열해도 잘 부드러워지지 않는다.

4) 펙틴질

펙틴질은 D-갈락투론산이 α-1, 4와 결합한 직선상의 중합체이며, α-나선상의 형태를 갖고 있다. 갈락투론산의 카복실기 일부가 메틸에스터화되고 일부는 염기에 의해 중화되어 있는 탄수화물 유도체이다. 펙틴질의 종류와 각각의 성질은 다음과 같다.

표 12-1 펙틴질의 종류와 성질

펙틴질	구조	성질
프로토펙틴	펙틴의 모체가 되는 물질로서 미숙한 과일에 존재	물에 불용성이나 가열하면 수용성인 펙틴과 펙틴산으로 가수분해됨
펙틴	분자 내 유기산의 상당수가 메틸에스터화된 폴리갈락투론산	설탕(최적 농도 60~65%)과 산(최적 pH 3.0~3.5)의 존재하에서 함께 가열하면 겔을 형성함
펙틴산	분자 속에 유기산기의 일부가 메틸에스터기를 가진 갈락투론산의 중합체	당이나 산 또는 금속염기 등의 존재로 겔을 형성함
펙트산	과일이 과숙함에 따라 펙틴산이 펙틴 메틸에스테라아제의 작용을 받아 에스터기가 없는 것	겔 형성 능력이 없으며, 산성에서는 물에 녹지만 칼슘염 등은 침전함

(2) 세포질

세포질은 젤리같이 말랑말랑한 교질 상태로 존재한다. 세포질에는 핵과 미토콘드리아, 액포, 그리고 엽록체 같은 색소체가 존재하며 이들은 세포질에서 자유롭게 이동할 수 있다.

1) 액포

어린 식물은 여러 개의 액포를 가지고 있고 식물이 자람에 따라 작은 액포들이 합쳐져서 크기가 큰 액포가 되어 세포의 대부분을 차지하게 된다. 성장이 완료된 액포는 세포액이라고 불리는 용액으로 차 있다. 세포액의 대부분은 수분이고 여기에 염, 당, 수용성 색소, 그 외에 수용성 물질들이 용해되어 있다. 지질이 많은 식물의 세포에서는 유액포를 볼 수 있다.

2) 색소체

엽록체, 백색체, 크로모플라스트 등의 색소체들은 식물 종류에 따라 다르게 분포되어 있다. 엽록체에는 녹색의 엽록소(클로로필)를, 백색체에는 주로 무색의 전분 입자를 저장하고 있으며, 크로모플라스트는 황색의 카로티노이드 색소를 가지고 있다.

2. 채소와 과일의 색소

채소와 과일에 존재하는 색소는 클로로필(chlorophyll), 카로티노이드(carotinoid), 플라보노이드(flavonoid)로 나눌 수 있다.

(1) 클로로필

식물체의 잎과 줄기에 널리 분포되어 있는 녹색의 색소로서, 카로티노이드와 함께 단백질 또는 지단백과 결합한 상태로 엽록체에 존재하고, 식물의 광합성 작용에 중요한 역할을 한다. 클로로필의 구조는 a, b, c, d의 4종류가 있는데 고등식물에는 a, b만이 존재하며 c, d는 해조류에 있는 것으로 알려져 있다. 일반적으로 녹색 잎의 클로로필 a(청록색), b(황록색)의 함유 비율은 3:1이다.

클로로필 a와 b의 구조상 차이는 포르피린 환의 외곽, 즉 a는 메틸기, b는 알데히드가 결합되어 있으며, 그 외의 기본적인 화학적 성질에는 별 차이가 없다. 클로로필의 기본 구조는 4분자의 피롤이 4개의 메틸기와 환상으로 연결된 포르피린 골격을 갖고 있으며 환 전체가 안정된 공명 구조로 되어 있다. 포르피린 환 구조의 중심부에는 마그네슘이 결합되어 있어 마그네슘-포르피린이라고 한다.

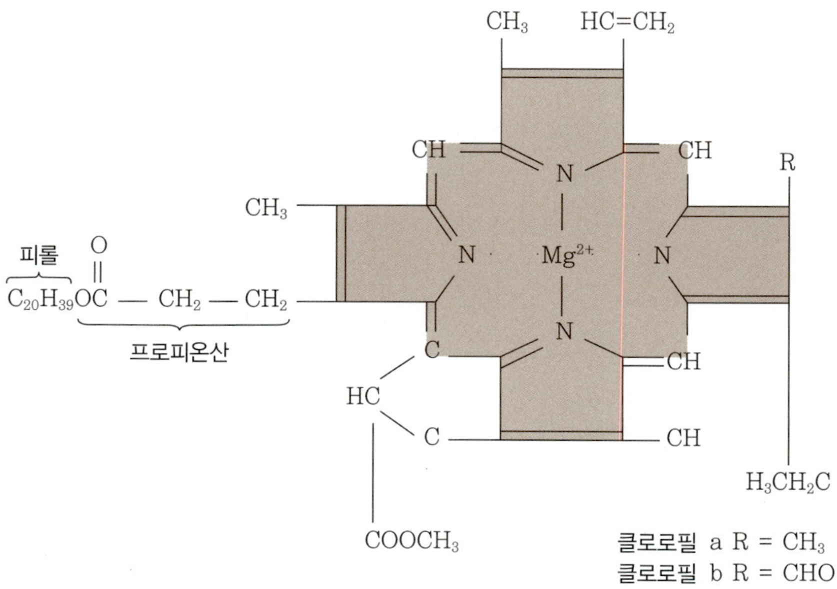

[그림 12-1] **클로로필의 구조**

1) 산에 의한 변화

클로로필은 불안정하기 때문에 조리, 가공할 때 변하기 쉽다. 클로로필은 산으로 처리하면 중심 부위의 마그네슘이온이 수소이온으로 치환되어 갈색의 페오피틴(pheophytin)으로 변한다. 이 페오피틴에 계속해서 산이 작용하면 클로로필에 존재하는 피톨이 떨어져 나가 갈색의 페오포비드(pheophorbide)가 형성된다. 또한 처음부터 강산으로 처리하여도 마그네슘과 피톨이 동시에 떨어져 나가 페오포비드가 형성된다.

이러한 변화는 조리과정 중에 많이 나타나며, 녹색 채소를 천천히 오래 삶았을 때 갈색으로 변하는 현상을 예로 들 수 있다. 이것은 클로로필을 안정화시키고 있던 단백질과의 결합이 끊어져 클로로필이 유리되어 조직 중의 유기산과 반응하여 페오피틴이나 페오포비드를 생성하기 때문이다. 변색을 억제하기 위해서는 녹색 채소를 데칠 때 물이 끓으면 채소를 넣고 뚜껑을 열어 채소 속에 들어 있는 휘발성 산을 신속히 증발시키고 고온에서 단시간 가열한 후 냉수로 헹군다.

2) 알칼리에 의한 변화

클로로필은 알칼리용액으로 가열하면 피틸에스테르 결합이 가수분해되어 선명한 녹색의 수용성인 클로로필라이드(chlorophyllide)를 형성하며, 다시 메틸에스테르 결합이 가수분해되어 수용성인 진한 녹색의 클로로필린(chlorophyllin)을 형성한다.

녹색 색소를 가열할 때 조리수에 중조와 같은 알칼리를 가하면 녹색은 보존되나 채소 중에 들어 있는 비타민 C를 비롯하여 알칼리성에서 불안정한 다른 비타민들이 파괴되고 채소가 지나치게 연화되어 좋지 않다.

3) 효소에 의한 변화

식품조직에 분포되어 있는 클로로필라아제(chlorophyllase)는 식물조직이 파괴될 때 유리되며, 피톨기가 제거되어 선명한 녹색인 클로로필라이드가 생성된다. 클로로필에 클로로필라아제가 작용하여 클로로필라이드를 생성하는 반응은 알칼리가 작용했을 때와 같다. 녹색 채소를 끓는 물에 데치면 선명한 녹색을 띠는 것은 식품조직 내에서 유리된 클로로필라아제가 클로로필을 분해하여 클로로필라이드를 생성하기 때문이다.

4) 금속이온에 의한 변화

클로로필 분자의 마그네슘은 구리, 철, 아연이온으로 치환되어 안정된 청록색을 띠게 되나 물에는 잘 녹지 않는다. 그러나 알칼리로 가수분해하여 구리 클로로필린, 철 클로로필린 나트륨염이 되면 물에 잘 녹게 되고 색깔도 안정되게 되므로 착색제로 이용할 수 있다.

(2) 카로티노이드

카로티노이드는 동·식물성 식품에 널리 분포하는 황색, 적황색의 색소인데 당근에서 얻은 색소라 하여 카로티노이드라 불린다. 클로로필과 함께 존재할 때는 녹색이 우세하여 잘 나타나지 않으나, 클로로필이 일단 분해되면 카로티노이드 색소가 나타난다. 식물체에 존재할 때는 지방산과 결합하여 비교적 안정되어 있지만 카로티노이드가 떨어져 나오면 변질 또는 변색되기 쉽다.

1) 카로티노이드의 구조와 종류

카로티노이드의 구조는 C_5H_8의 아이소프렌 단위가 8개 결합한 테트라테르펜(tetra terpene)으로 분자 내 7개 이상의 공액 이중결합을 가지고 있다. 카로티노이드는 카로틴(carotene)과 잔토필(xanthophyll)로 분류할 수 있다. 카로틴은 분자 내에 탄소와 수소만으로 구성되어 있고 α-carotene, β-carotene, γ-carotene, 리코펜(lycopene) 등이 있다. 잔토필은 루테인(lutein), 크립토잔틴(cryptoxanthin), 제아잔틴(zeaxanthin) 등이 있다.

2) 카로티노이드의 성질

카로티노이드의 성질은 물에 녹지 않으나 지방 또는 유기용매에는 잘 녹고, 열에 비교적 안정되며, 조리에 사용될 정도의 약산이나 약알칼리에는 파괴되지 않는다. 조리과정 중에 성분 손실은 거의 없으나 불포화도가 높아 산화되기 쉽다. 공기 중의 산소, 산화효소, 금속이온 등에 의해 쉽게 산화되어 퇴색되며 햇빛은 이러한 산화를 더욱 촉진시킨다.

(3) 플라보노이드

식물성 식품에 들어 있는 수용성 색소로 벤졸(benzol)핵에 세 개의 탄소(C_6-C_3-C_6)로 연결된 것이다. 플라보노이드는 안토잔틴(anthoxanthin)과 안토시아닌(anthocyanin)으로 나뉜다.

1) 안토잔틴

안토잔틴은 그 이름이 시사하여 주듯이 노란색을 가지고 있으며 수용성이다.

❶ 안토잔틴의 구조와 종류

안토잔틴은 식물체에 유리상태로 존재하는 일은 드물고 대부분이 당류와 결합된 배당체로 존재한다. 식물계에는 플라본(flavone), 플라보놀(flavonol), 플라바논(flavanone), 이소플라본(isoflavone) 등이 있다.

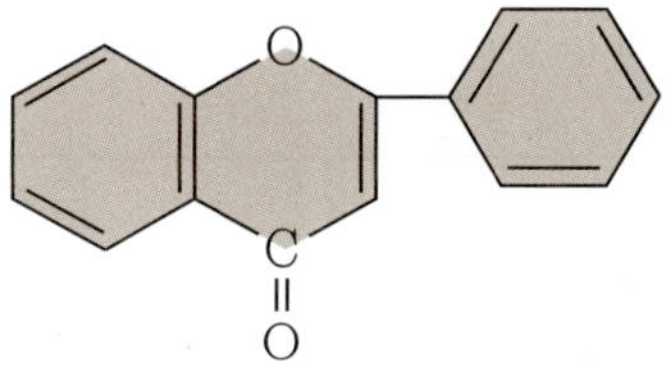

플라본

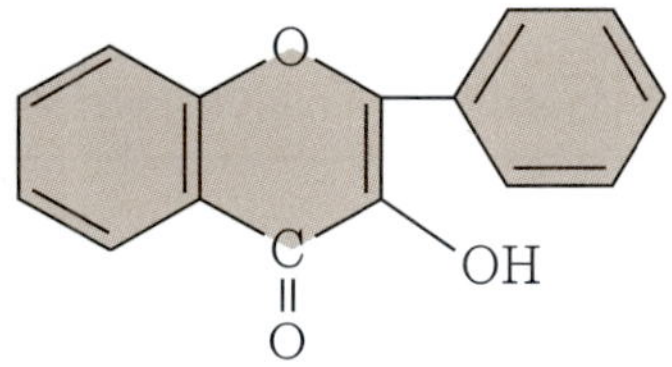

플라보놀

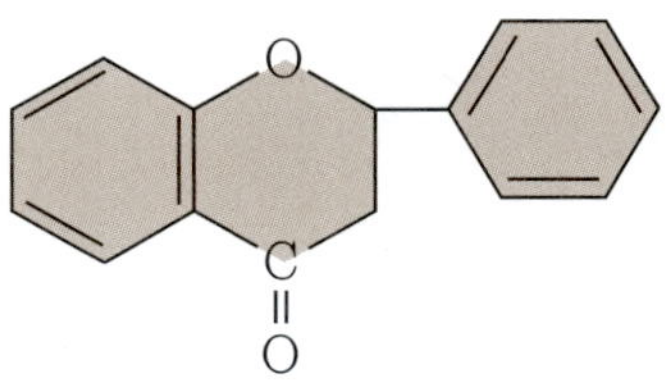

플라바논

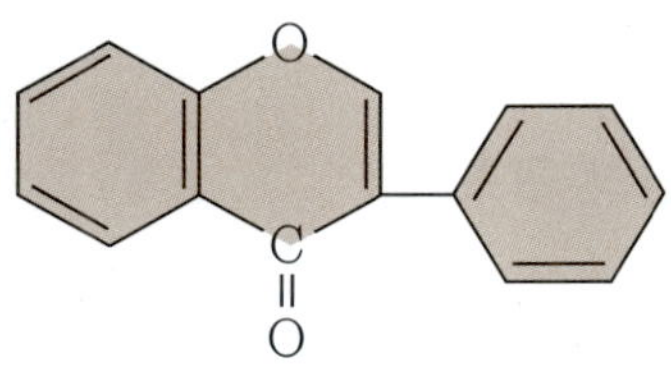

이소플라본

[그림 12-2] **안토잔틴의 구조**

❷ 안토잔틴의 성질

안토잔틴은 산에 대해서는 안정되지만, 알칼리에서는 불안정하여 짙은 황색으로 변한다. 알칼리성인 약수로 밥을 지으면 밥의 색이 노랗게 되며, 밀가루에 중조를 첨가하여 빵이나 튀김옷을 만들면 황색이 된다. 또한 중국 면이 황색을 띠는 것은 면이 잘 늘어나도록 하기 위해 밀가루 반죽을 알칼리성으로 해 주어 밀가루의 플라보노이드 색이 변한 것이다.

표 12-2 식품 중의 안토잔틴 색소

종 류	색소명	식 품
플라본(flavone)	아피게닌(apigenin) 트리틴(tritin) 노빌레틴(nobiletin)	옥수수 밀가루 감귤껍질
플라보놀(flavonol)	퀘르세틴(quercetin) 루틴(rutin)	양파껍질, 사과껍질 메밀, 토마토
플라바논(flavanone)	헤스페리딘(hesperidin) 메리오딕틴(eriodictin) 나린진(naringin)	감귤껍질 감귤껍질 감귤껍질
이소플라본(iso-flavone)	다이진(daidzin)	황색콩

2) 안토시아닌

안토시아닌은 과일, 채소류, 꽃에 들어 있는 적·자색의 색소로서 빨간색, 자색, 청자색을 가진 수용성 색소이다.

❶ 안토시아닌의 구조

안토시아닌은 플라본(2-phenyl-1, 4-benzopyrone)고리를 기본 구조로 가지고 있으며, 다른 플라보노이드와 달리 전체 구조가 공액 이중결합으로 연결되어 있어서 여러 가지 아름다운 색을 다양하게 낼 수 있다.

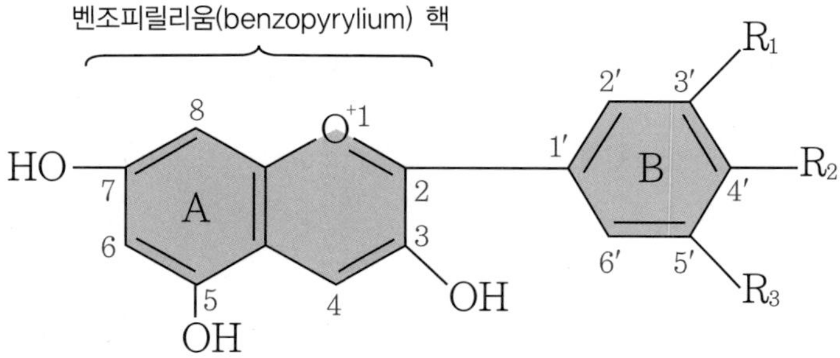

[그림 12-3] **안토시아닌의 기본 구조**

❷ 안토시아닌의 성질

안토시아닌 색소는 pH 변화에 따라 색이 변하는데, 산성에서는 안정하여 적색이 되고, 중성에서는 자색이 되며, 알칼리성에서는 청색이 된다. 이와 같은 성질을 이용하여 자색 양배추로 샐러드를 만들 때 식초를 조금 넣은 물에 담그거나, 가지나물에 식초를 넣어 주면 색이 붉게 된다. 딸기잼이나 포도잼을 만들 때 유기산인 구연산 등을 첨가하는 것도 안토시아닌이 산성용액에서 적색이 되는 것을 응용한 예이다.

3. 채소와 과일의 갈변

식품의 갈변은 식품을 저장하거나 가열조리할 때 갈색으로 색깔이 변화되는 현상이다. 대부분 식품의 갈변은 외관과 풍미를 나쁘게 하며 비타민과 아미노산 등의 손실이 있어 식품의 품질을 저하시킨다.

(1) 효소적 갈변

효소적 갈변은 사과, 배, 바나나, 감자, 양송이버섯 등 과일과 채소의 껍질을 깎아서 공기 중에 방치해 놓으면 갈변이 일어나는 현상을 말한다.

1) 폴리페놀옥시다아제

폴리페놀옥시다아제(polyphenol oxidase)는 구리를 함유하는 산화효소로 폴리페놀류가 산소에 의해 퀴논화합물로 산화되고, 이들 화합물이 계속 산화, 중합 또는 축합되어 갈색의 멜라닌 색소를 형성한다.

사과나 배를 깎아서 공기 중에 놓아 두면 갈색으로 변하는데, 이것은 클로로겐산(chlorogenic acid), 피로카테킨(pyrocatechin) 등의 폴리페놀류가 폴리페놀옥시다아제에 의해 퀴논으로 산화되고 이것이 중합 또는 축합되어 갈색으로 변한 것이다.

2) 타이로시나아제

타이로시나아제의 성질과 작용은 폴리페놀옥시다아제와 거의 비슷하여 구리를 함유하여 구리이온에 의해 활성화되며, 염소이온에 의해 억제된다. 타이로시나아제는 감자, 양송이버섯, 고구마 등에 있으며, 이 효소는 수용성이므로 이들 채소를 물에 담가 두면 갈변이 억제된다.

(2) 효소적 갈변의 억제

효소적 갈변은 효소, 기질, 산소의 세 가지 요소가 있을 때 일어나므로 이 중 하나라도 없애면 갈변을 억제할 수 있다.

1) 식품의 냉장

대부분의 폴리페놀옥시다아제 효소의 최적 온도는 40±10℃이므로 냉장하여 효소의 활동을 억제시켜 갈변을 방지할 수 있다.

2) 가열

열은 효소활동을 억제 또는 파괴하므로 채소를 데치는 등 가열로 효소를 불활성화시킨다.

3) pH

효소의 최적 pH(pH 5.8~6.8)는 산에 의해 낮아지면서 활성이 억제된다. 대개 pH 3 이하에서는 효소가 거의 작용하지 않으므로 과일의 껍질을 벗긴 후 사과산, 구연산 용액에 담근다.

4) 환원성 물질 첨가

갈변은 산화 반응이므로 환원성 물질인 아스코르빈산, 아황산, 아황산염 등을 첨가한다.

5) 금속이온 제거

폴리페놀옥시다아제는 구리를 함유한 효소이므로 철, 구리 용기를 사용하면 갈변이 촉진된다. 철제 금속을 피하고 스테인리스, 사기그릇 등을 사용한다.

6) 염소이온의 이용

염소이온은 폴리페놀옥시다아제의 활동을 방지하는 성질을 가지고 있으므로 0.2%의 소금용액으로 깎은 사과의 갈변을 방지할 수 있다. 그러나 염소이온의 효력은 일시적이므로 영구적 방지를 위해서는 상당량의 소금이 필요하며, 이 경우 음식의 맛에 변화를 주기 때문에 주의해야 한다.

7) 진공포장

과일 통조림을 만들 때 진공으로 하면 산소를 차단하므로 갈변을 방지할 수 있다.

8) 설탕 또는 시럽의 사용

과일에 설탕을 뿌리거나 설탕 시럽에 과일을 담그면 공기 중의 산소가 과일 표면으로 침입하는 것을 막아 갈변을 방지할 수 있다.

9) 과즙 이용

파인애플에는 설피드릴(sulfdryl) 물질이 있고 레몬에는 구연산과 비타민 C가 많아 환원제 역할을 하므로 과즙을 첨가하여 갈변을 억제한다.

4. 겔 형성

(1) 펙틴질의 특성과 기능

펙틴물질은 과일, 채소, 해조류 등에 함유되어 있으며 세포와 세포 사이의 연결물질로 시멘트 같은 역할을 한다. 채소와 과일류의 가공, 저장 중의 식물조직의 유지와 신선도 등에 중요한 역할을 한다. 펙틴질의 종류로는 불용성인 프로토펙틴(protopectin)과 수용성인 펙틴산(pectinic acid), 펙틴(pectin), 펙트산(pectic acid) 등이 있다. 펙틴질은 과일이 성숙됨에 따라 프로토펙틴이 펙틴과 펙틴산으로 되면서 겔 형성력이 증가하여 잼, 젤리, 마멀레이드 등의 가공 제조 시 이용된다. 그러나 과일이 너무 지나치게 익으면 펙틴이 펙트산으로 분해되어 겔 형성 능력이 저하되어 젤리화에 적당하지 않다.

표 12-3 펙틴 함량 측정법

방법	내용
알코올 침전법	펙틴질에 알코올과 같은 탈수제를 넣으면 응석이 일어나 과즙 중의 펙틴량을 추정할 수 있다. 진하고 젤리 같은 침전물이 생기면 펙틴의 양이 많은 것이고, 가늘고 약한 침전물이 생기면 펙틴의 양이 적은 것으로 판정한다.
점도 측정법	점도계를 이용하여 측정하는 방법으로 점도가 높은 것이 펙틴 함량이 많은 것으로 판정한다.

(2) 겔 형성에 영향을 주는 요인

일반적으로 겔 형성은 펙틴 1.0~1.5%, pH 3~3.5, 당분 60~65%의 범위 내에서 일어나는데 펙틴과 산이 많으면 당 분량이 적어도 응고가 된다.

펙틴의 양이 일정할 때에는 산의 양이 많아질수록 당분의 양은 적어도 겔 형성이 되며, 산의 양이 적을 때에는 당분이 많이 필요하다. 또한 산의 양이 일정한 경우, 펙틴의 양이 증가할수록 당분은 적어도 겔 형성이 된다.

표 12-4 과일의 펙틴과 산의 함량 정도

펙틴과 산의 함량	종류
펙틴과 산이 많은 것	사과, 포도(미국산), 개살구, 귤, 레몬, 오렌지
펙틴이 많고 산이 적은 것	복숭아, 무화과, 바나나, 스위트체리
펙틴이 적고 산이 많은 것	살구, 딸기
펙틴과 산이 중간 정도인 것	과숙 사과, 포도(유럽산)
펙틴과 산이 적은 것	배, 감, 과숙 복숭아, 과숙 과일

(3) 겔의 형성 기전

펙틴분자는 갈락투론산이 연결된 중합체로서 음전하($-COO^-$)를 띤 친수성 교질상태로 존재한다. 이러한 펙틴 교질용액에 당을 첨가하면 펙틴 분자에 수화되어 있는 물 분자가 제거되어 분자간의 간격이 줄어들기 때문에 접촉이 쉬워진다.

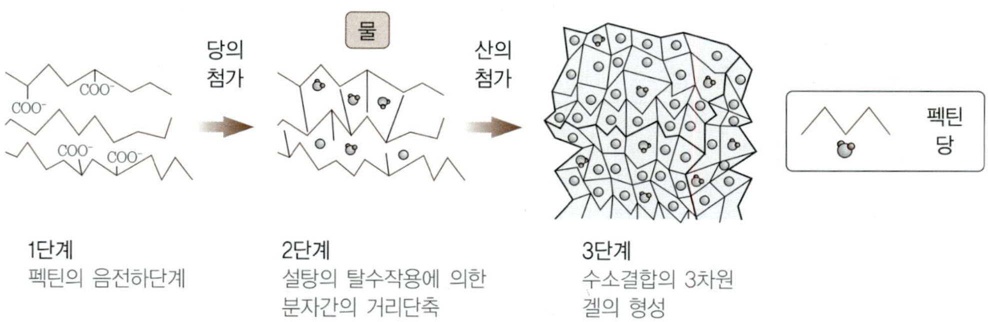

[그림 12-4] 펙틴, 당, 산에 의한 겔의 형성

산이 존재하면 산에서 형성된 수소이온(H^+)에 의해 펙틴분자 표면의 음전하가 중화되면서 펙틴분자들이 서로 결합하여 3차원의 망을 형성한다. 이때 설탕 등의 용질분자는 망 사이의 공간에 들어가 머물게 되어 반고체 상태의 펙틴 젤이 형성된다.

(4) 젤리점의 판정

잼이나 젤리를 조리할 때 펙틴 젤이 적절하게 형성되어 졸이는 것을 끝마치는 점을 젤리점(jelly point)이라 한다. 젤리점을 결정하는 방법으로는 스푼법, 컵법, 온도계법, 당도계법이 있다[그림 12-5].

스푼법
과즙액을 스푼으로 떠서 흘러내리는 모양을 관찰하여 묽은 시럽 모양으로 떨어지면 부적당하고, 일부는 떨어지고 일부는 붙어 오르면 적당하다.

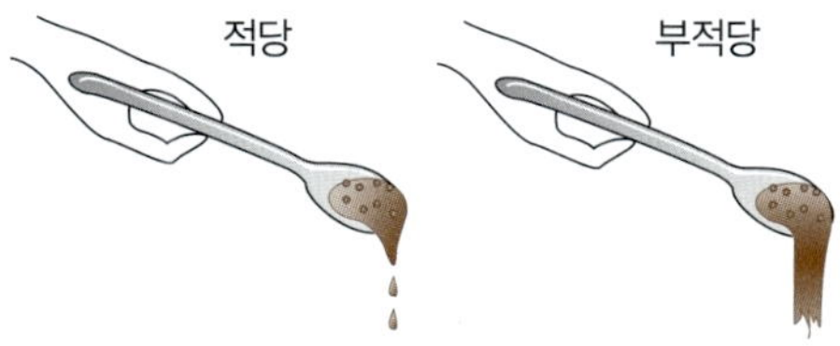

컵법
끓는 과즙을 한스푼 떠서 충분히 냉각시킨 다음 냉수를 담은 컵 속에 떨어뜨려 당액이 뭉쳐지는 모양을 관찰한다. 도중에 풀어지면 부적당하다.

온도계법
끓고 있는 과즙에 온도계를 넣어서 103~104℃가 될 때까지 농축시킨다.

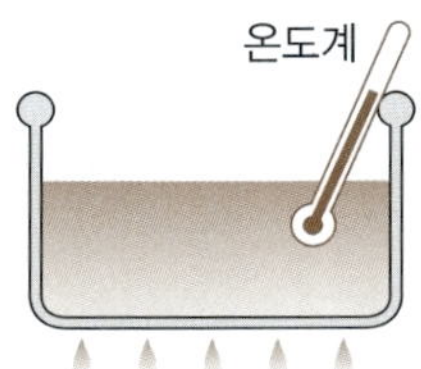

당도계법
굴절당도계로 당도를 측정하여 65%가 될 때까지 농축시킨다.

[그림 12-5] 젤리점의 판정법

5. 채소와 과일의 조리 중 변화

(1) 질감의 변화

채소와 과일을 조리하면 질감에 영향을 준다. 채소와 과일의 펙틴과 헤미셀룰로오스는 조리에 의해 부드러워진다. 셀룰로오스는 산에 의해 단단해지고, 알칼리에 의해 분해되어 부드러워지므로 조리수에 식초를 넣으면 단단해지고, 베이킹소다를 넣으면 짧은 시간에도 조직이 부드러워진다.

채소와 과일을 물에 담그면 세포 내로 수분이 들어가서 세포가 팽창하므로 질감이 아삭거리며 싱싱해 보인다. 반면 채소에 소금을 넣어 절이면 삼투압 작용으로 세포 내의 수분이 빠져나와 숨이 죽어 부드러우며 채소에 적당한 염도를 부여해 간을 맞게 한다.

(2) 향기의 변화

과일의 향기 성분은 휘발성인 유기산과 에스테르류가 주이므로 오래 가열하면 과일 고유의 향기를 잃게 된다.

채소의 향기 성분은 에스테르류, 알데히드류, 산류 등 휘발성 화합물이며 특히 각종 황화합물을 함유하고 있는데 마늘, 양파, 양배추, 배추, 무, 겨자 등에 황 또는 함황 화합물을 함유하고 있어 강한 맛과 냄새를 가진다. 배추, 양배추, 무 등은 가열이나 조리 전에는 강한 냄새를 갖고 있지 않으나 가열조리함으로써 함황 아미노산이 분해되어 황화수소가 형성되어 특유한 냄새를 갖게 된다. 반대로 파, 양파, 마늘은 가열, 조리 전에는 매우 강한 자극적인 냄새를 갖고 있으나 가열, 조리 후에는 자극적인 냄새가 거의 사라진다. 특히 양파는 가열하면 프로필 메르캅탄(propyl mercaptan)이 생겨 단맛을 내므로 볶음 등의 조리를 할 때 양파를 먼저 가열하거나 볶아 단맛을 낸다.

(3) 영양소의 변화

채소나 과일의 영양소는 조리하는 동안 열이나 산, 알칼리 등의 첨가물에 의해 성분의 변화나 손실이 일어난다. 수용성 영양 성분인 비타민 B · C는 조리하는 동안 용액으로 흘러나와 손실될 뿐 아니라 가열에 의해서도 파괴되므로 고온에서 단시간 내에 조리해야 손실을 줄일 수 있다. 비타민 A가 풍부한 녹황색 채소는 기름과 함께 조리하여 흡수율을 좋게 한다.

실험 1 · 채소의 색소 실험

1. 실험목적

채소에 들어 있는 여러 색소들이 산, 알칼리, 중성에 의해서 어떻게 변하는지를 알아본다.

2. 실험재료

시금치, 당근, 양파, 적양배추 각 100g(가식부)
소금 16g, 식초 8mL, 중조·황산구리 각 4g
물 4L

3. 실험기구 및 기기

메스실린더, 비커, 피펫, 저울, 타이머, pH 측정기, 조리기구

4. 실험방법

❶ 시금치는 4cm 길이로 썰고 당근, 양파, 적양배추는 굵게 채 썰어 각각 100g(20g ×5개)씩 준비한다.

❷ 비커에 물, 소금물, 식초물, 중조액, 황산구리액을 다음과 같이 준비하여 각각의 pH를 측정한다.
A : 물(물 200mL)
B : 2% 소금물(물 200mL + 소금 4g)
C : 1% 식초물(물 200mL + 식초 2mL)
D : 0.5% 중조액(물 200mL + 중조 1g)
E : 0.5% 황산구리액(물 200mL + 황산구리 1g)

❸ 비커의 용액을 끓인 후에 시금치를 각 비커에 20g씩 넣고 3분간 가열한다.

❹ 시금치의 색과 질감의 변화를 평가한다.

❺ 당근, 양파, 적양배추도 ❷~❹를 반복하여 실험한다.

5. Flow Chart

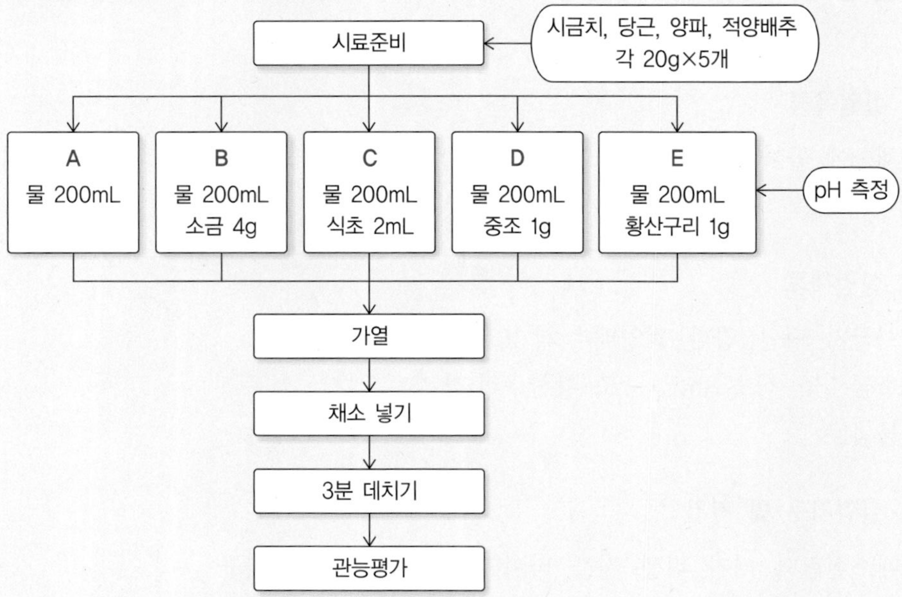

6. 실험결과

시료	조리수의 pH	시금치		당근		양파		적양배추	
		색[1)]	질감[2)]	색[1)]	질감[2)]	색[1)]	질감[2)]	색[1)]	질감[2)]
A									
B									
C									
D									
E									

1) 묘사법

2) 순위척도법(단단한 것부터)

7. 고찰

실험 2 · 채소와 과일의 갈변 억제

1. 실험목적

사과와 감자를 서로 다른 조건하에서 갈변 정도를 비교해 보고 색을 유지할 수 있는 방법을 이해한다.

2. 실험재료

사과, 감자 각 50g(가식부)
10% 소금물, 2% 설탕물, 레몬즙, 물 각 60mL

3. 실험기구 및 기기

비커, 저울, 타이머, 플라스틱 강판, 조리기구

4. 실험방법

❶ 사과는 껍질과 씨를 제거한 50g을 강판에 간 다음 10g씩 5등분한다.
❷ 시료는 다음과 같이 처리하여 30분 후 색의 변화를 관찰한다.
A : 사과 10g
B : 사과 10g, 물 30mL
C : 사과 10g, 10% 소금물 30mL
D : 사과 10g, 2% 설탕물 30mL
E : 사과 10g, 레몬즙 30mL
❸ 감자도 ❶~❷의 방법으로 실험한다.

5. Flow Chart

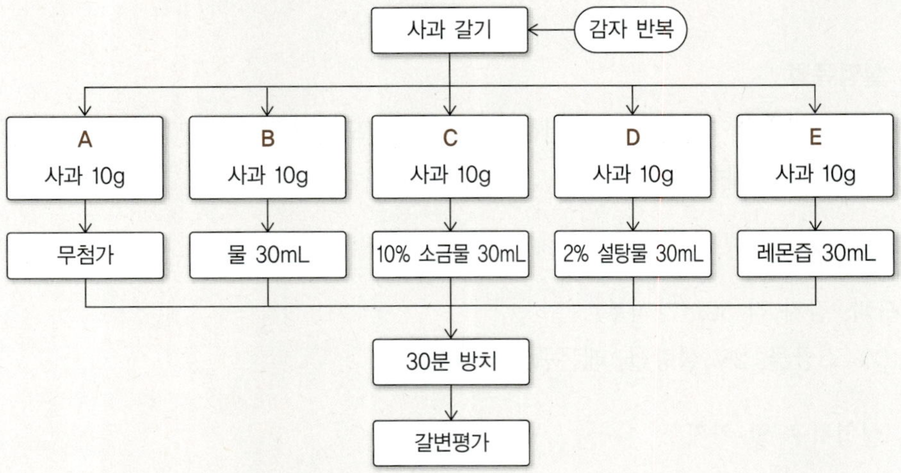

6. 실험결과

시료	색[1]	
	사과	감자
A		
B		
C		
D		
E		

1) 순위척도법(갈변되지 않은 것부터)

7. 고찰

실험 3 · 데치는 조건에 따른 채소 실험

1. 실험목적

가열시간과 데친 후의 처리방법이 채소의 색과 질감에 미치는 영향을 알아본다.

2. 실험재료

시금치(가식부) 500g, 소금 약간, 물 2.5L

3. 실험기구 및 기기

메스실린더, 비커, 피펫, 저울, 타이머, 조리기구

4. 실험방법

❶ 시료는 다음과 같이 처리한다.

가. 가열시간에 의한 채소 실험

A : 비커에 물 500mL를 담고 약간의 소금을 넣은 후 끓인다. 손질한 시금치 100g을 넣고 1분간 데친 다음 찬 물로 헹군다.

B : A의 방법대로 하되 3분간 데친다.

C : A의 방법대로 하되 5분간 데친다.

나. 데친 후의 처리방법에 의한 채소 실험

D : 비커에 물 500mL를 담고 약간의 소금을 넣은 후 끓인다. 손질한 시금치 100g을 넣고 3분간 데친 다음 찬 물로 헹군다.

E : A의 방법대로 하되 실온에 방치한다.

❷ 각 시료의 색과 질감을 평가한다.

5. Flow Chart

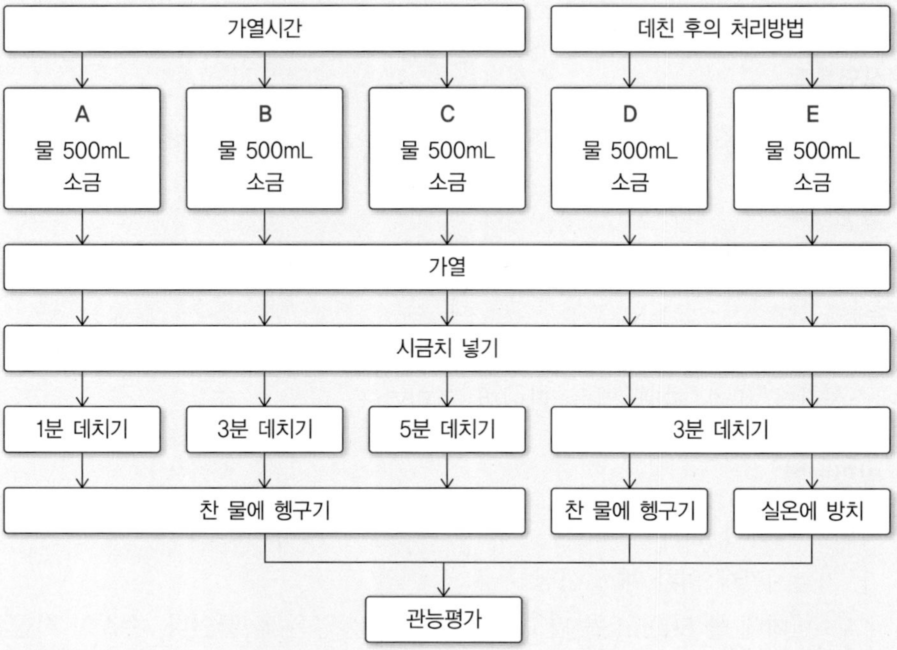

6. 실험결과

시 료		색[1]	질감[2]
가열시간	A		
	B		
	C		
데친 후의 처리방법	D		
	E		

1) 묘사법
2) 순위척도법(좋은 것부터)

7. 고찰

실험 4 · 소금 농도에 의한 채소의 변화

1. 실험목적

소금 농도를 달리하여 채소를 절일 때 시간에 따른 방수량과 질감의 변화를 관찰한다.

2. 실험재료

무(가식부) 120g, 소금 2.7g

3. 실험기구 및 기기

메스실린더, 저울, 타이머, 유리깔때기, 조리기구

4. 실험방법

❶ 무는 채를 썰어서 30g씩 4등분한다.

❷ 무에 소금을 다음과 같은 농도로 첨가하여 버무린다.

A : 무 30g
B : 무 30g, 소금 0.3g(무의 1%)
C : 무 30g, 소금 0.9g(무의 3%)
D : 무 30g, 소금 1.5g(무의 5%)

❸ 메스실린더에 깔때기를 꽂아 소금에 절인 무를 넣고, 5분, 10분, 15분, 30분 경과 후 흘러내려 온 수분의 양(방수량)을 측정한다.

❹ 무를 가볍게 짠 후 질감을 평가한다.

5. Flow Chart

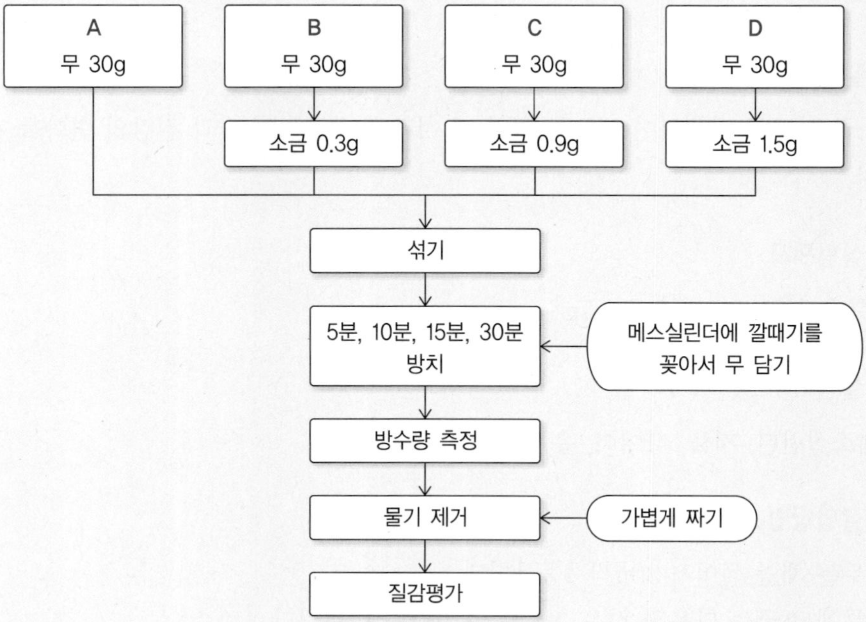

6. 실험결과

시료	방수량(mL)				질감[1]
	5분	10분	15분	30분	
A					
B					
C					
D					

1) 순위척도법(좋은 것부터)

7. 고찰

실험 5 · 과일의 펙틴물질 추출

1. 실험목적

각종 과일의 과즙을 추출하여 펙틴 양을 측정 비교한다.

2. 실험재료

딸기 100g, 사과(중) 1/3개, 귤(중) 1개, 배(중) 1/4개
에탄올 80mL

3. 실험기구 및 기기

메스실린더, 비커, 피펫, 저울, 플라스틱 강판, 면포, 조리기구

4. 실험방법

❶ 과일을 강판에 갈아 면포로 여과하여 과즙을 만들어 각 비커에 담아 놓는다.
A : 딸기즙 20mL
B : 사과즙 20mL
C : 귤즙 20mL
D : 배즙 20mL

❷ 각 시료에 에탄올 20mL씩을 첨가한다.

❸ 각 시료의 비커 바닥에 응고, 침전하는 펙틴의 양을 측정한다.

5. Flow Chart

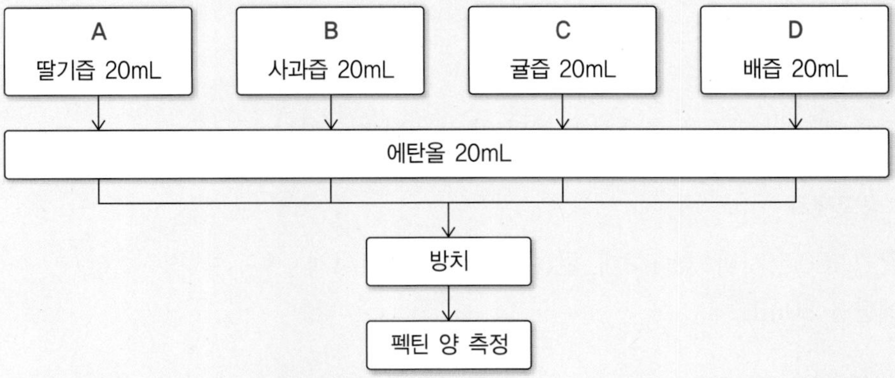

6. 실험결과

시료	펙틴 양[1]
A	
B	
C	
D	

1) 순위척도법(많은 것부터)

7. 고찰

실험 6 · 당과 산 첨가가 잼 형성에 미치는 영향

1. 실험목적

당의 양과 산 첨가에 따라 만들어진 사과잼을 비교하여 품질 좋은 사과잼을 만드는 방법을 알아본다.

2. 실험재료

사과(가식부) 1.6kg, 백설탕 960g, 레몬즙 12mL, 물 800mL

3. 실험기구 및 기기

메스실린더, 피펫, 저울, 온도계, 당도계, 조리기구

4. 실험방법

❶ 사과 400g을 0.1cm 두께로 얇게 썰어 냄비에 담고 물 200mL를 넣은 다음 강한 불에서 가열하여 끓기 시작하면 불을 약하게 하여 사과가 연하게 될 때까지 끓인다. 사과를 잘 으깬 다음 설탕 120g을 1/3씩 나누어 첨가하면서 끓이는데 주걱으로 잘 저으면서 강한 불로 단시간 조린다(A).

❷ ❶의 방법으로 하되 설탕의 양을 240g으로 한다(B).

❸ ❶의 방법으로 하되 설탕의 양을 360g으로 한다(C).

❹ ❷의 방법으로 하되 레몬즙을 12mL 첨가한다(D).

❺ 젤리점은 온도계, 당도계, 컵 테스트, 스푼 테스트를 이용하여 판정한다.

❻ 사과잼의 색, 질감, 맛, 기호도를 평가한다.

5. Flow Chart

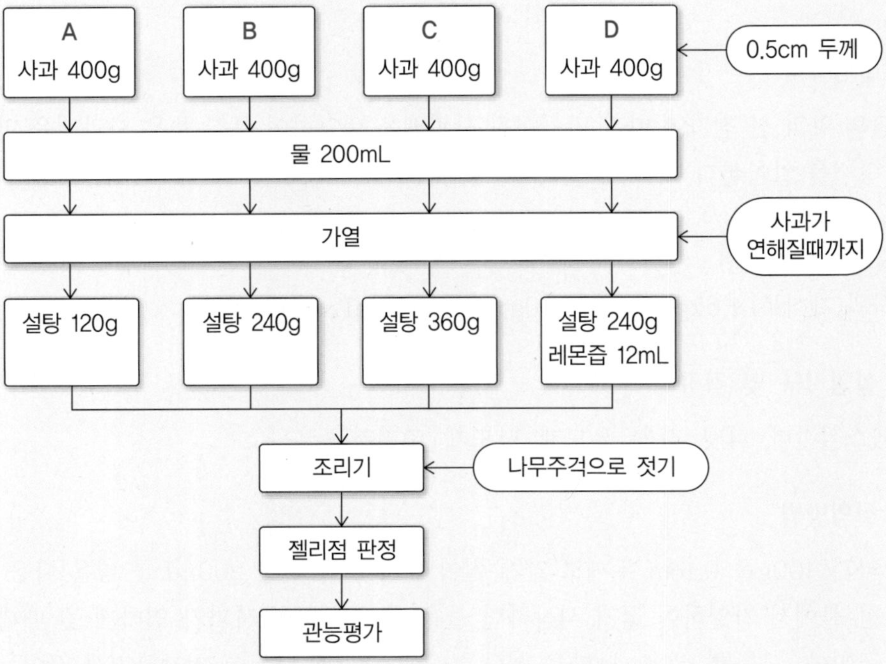

6. 실험결과

시료	색[1]	질감[2]	맛[3]	기호도[4]
A				
B				
C				
D				

1)~3) 묘사법
4) 순위척도법(좋은 것부터)

7. 고찰

응용조리 · 과일의 펙틴을 이용한 조리

포도잼	
재료	**만드는 법**
포도 1kg 설탕 300g 레몬즙 15mL	❶ 포도는 흐르는 물에 깨끗이 씻은 다음 알알이 떼어내고 체에 밭쳐 물기를 완전히 제거한다. ❷ 냄비에 포도를 넣고 중불에서 20분간 끓인 다음 체로 걸러낸다. ❸ 포도즙에 레몬즙, 설탕을 넣고 중약불에서 조린다. ❹ 걸쭉한 농도가 되면 컵테스트, 온도계(103~104℃) 등을 이용하여 잼을 완성한다.

오렌지 마멀레이드	
재료	**만드는 법**
오렌지 900g(작은 것 3개) 설탕 450g 레몬즙 15mL	❶ 오렌지는 깨끗이 씻어서 껍질을 얇게 벗기고 껍질 안쪽의 흰 부분을 최대한 제거한 다음 가늘게 채 썬다. ❷ 껍질을 제거한 오렌지는 믹서기에 넣고 간다. ❸ 냄비에 오렌지 껍질, 오렌지 갈은 것, 설탕, 레몬즙을 넣고 강불에서 끓인다. ❹ 가장자리가 끓기 시작하면 중약불에서 40~45분간 저어가며 조린다. ❺ 걸쭉한 농도가 되면 컵테스트, 온도계(103~104℃) 등을 이용하여 마멀레이드를 완성한다.

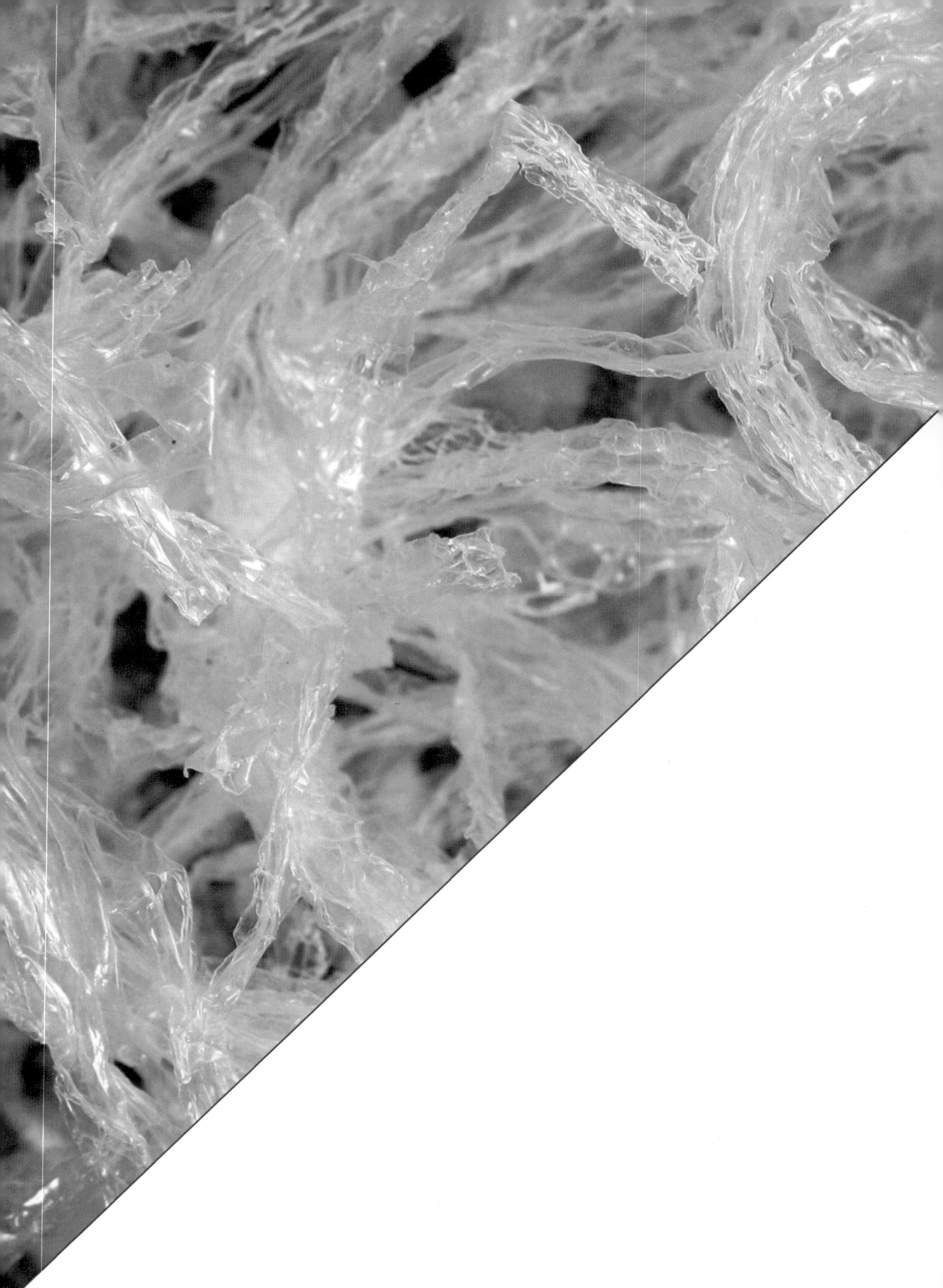

CHAPTER

13 한천과 젤라틴의 조리

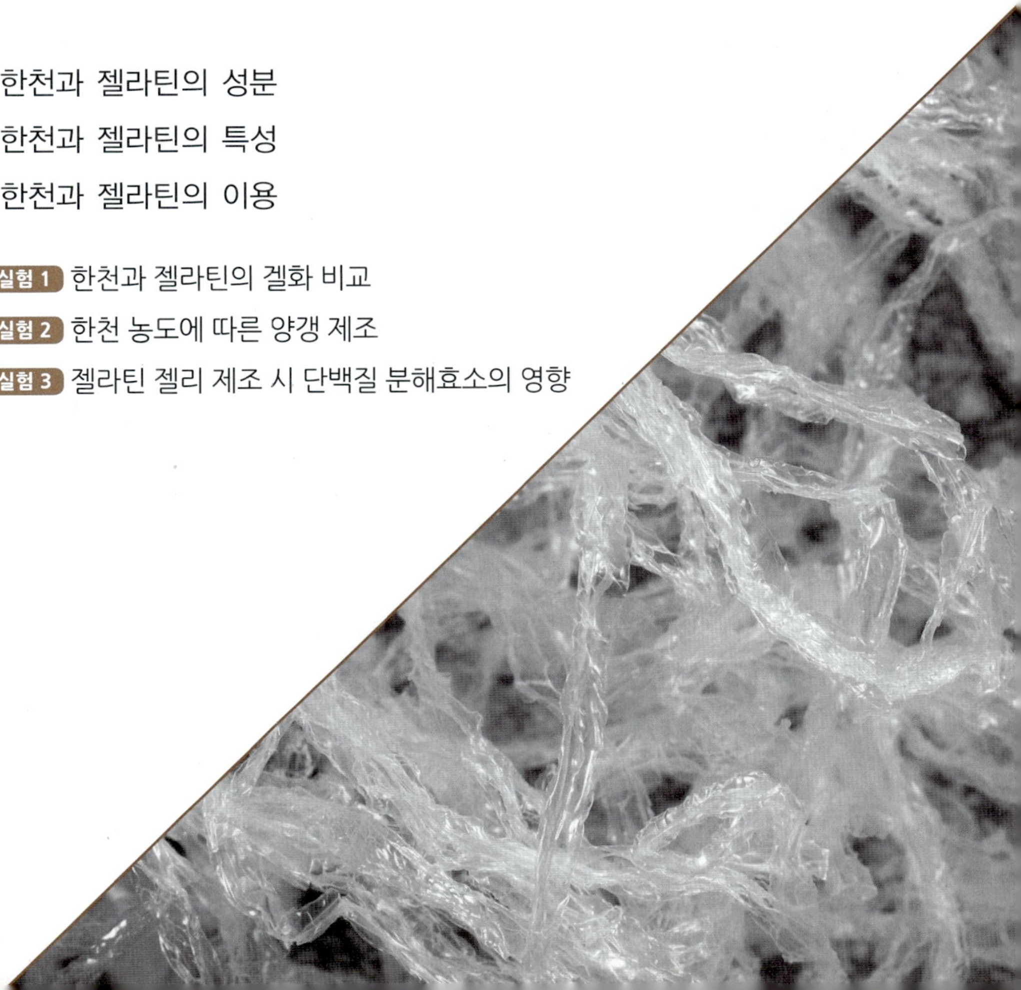

1. 한천과 젤라틴의 성분

한천은 홍조류인 우뭇가사리에서 추출한 다당류로 70%의 아가로오스와 30%의 아가로펙틴으로 구성되어 있다. 아가로오스는 겔화와 보수성이 크고 아가로펙틴은 겔 형성력은 약하나 점탄성은 높다. 한천은 소화·흡수가 잘 되지 않아 저에너지식품으로 이용된다.

젤라틴은 동물의 결합조직을 구성하고 있는 단백질인 콜라겐이 가열·분해된 유도 단백질로서 영양가는 낮으나 소화·흡수가 잘 된다. 젤라틴은 적당한 탄력성과 매끈한 맛을 지니고 있어 식품 산업에서 폭넓게 이용되고 있다.

2. 한천과 젤라틴의 특성

(1) 흡수·팽윤

한천과 젤라틴은 물에 담그면 물을 흡수하여 팽윤하는데 한천은 중량의 20배, 젤라틴은 중량의 6~10배에 해당하는 물을 흡수한다.

(2) 용해·응고

팽윤한 한천과 젤라틴을 가열하면 한천은 80~100℃, 젤라틴은 35~60℃에서 용해된다. 용해된 한천액은 30℃ 부근에서 응고하여 겔이 형성되며, 젤라틴의 응고온도는 10℃ 이하로 낮다. 겔을 형성하는 농도는 한천의 경우 1~2%, 젤라틴은 3~4%이다.

(3) 첨가물의 영향

한천에 설탕을 첨가하면 점성과 탄성이 증가하고 투명감도 증가한다. 설탕의 농도 60%까지는 겔의 강도가 증가한다. 한천에 과즙을 넣고 가열하면 과즙의 유기산에 의해서 겔이 약화되므로 한천용액을 60℃ 정도로 가열한 후에 과즙을 첨가하여야 한다. 우유, 난백, 팥앙금 등은 첨가량이 많으면 한천 겔의 강도를 저하시킨다.

젤라틴의 경우 설탕의 농도 50%까지는 겔의 응고력이 감소된다. 산을 약간 사용할 때는 부드러운 응고물을 형성하지만 다량의 산은 응고력을 저하시킨다. 염류는 단단한 응고물을 형성하지만 단백질 분해효소는 젤라틴을 분해하여 응고력을 방해하게 된다.

표 13-1 한천과 젤라틴의 특성 비교

분류	한천	젤라틴
물 흡수량	20배	6~10배
용해온도	80~100℃	35~60℃
응고온도	30℃	10℃ 이하
사용 농도	1~2%	3~4%
첨가물의 영향	**설탕** : 60%까지는 겔 강도 증가 **과즙** : 겔 강도 저하 **우유, 난백, 팥앙금** : 겔 강도 저하	**설탕** : 50%까지는 겔 응고력 감소 **산** : 약간 사용할 때 부드러운 응고물 형성 **염류** : 단단한 응고물 형성 **단백질 분해효소** : 겔 응고력 방해

3. 한천과 젤라틴의 이용

한천은 과일 젤리와 양갱에서는 겔화제로 이용되고, 청량음료, 우유, 유제품, 빵 · 과자류에서는 안정제로 이용되며, 미생물의 배지용으로도 사용된다. 또한 여름에 콩국에 말아 먹거나 우무채, 우무장아찌 등의 반찬으로도 쓰이며, 설탕에 조린 과일을 케이크 위에 장식하고 한천 젤리로 고정하면 투명감과 윤기를 주고 수분증발을 방지하는 효과가 있다.

젤라틴은 과일 젤리, 족편, 전약, 무스 등의 음식에서는 응고제로 사용되고, 아이스크림과 마시멜로 등에서는 유화제와 결정 형성 방해물질로 사용된다.

실험 1 · 한천과 젤라틴의 겔화 비교

1. 실험목적

한천과 젤라틴의 사용 농도에 따른 수분 흡수율, 용해 및 응고온도를 조사하고 겔의 강도를 측정함으로써 한천과 젤라틴의 특성을 이해한다.

2. 실험재료

한천분말 6.7g, 젤라틴분말 11.5g, 물 1L

3. 실험기구 및 기기

비커, 메스실린더, 피펫, 저울, 타이머, 온도계, 조리기구

4. 실험방법

❶ 시료는 다음과 같이 준비한다.

가. 한천분말

A : 0.2g B : 0.5g C : 1g D : 2g E : 3g

나. 젤라틴분말

F : 0.5g G : 1g H : 2g I : 3g J : 5g

❷ 시료는 각 비커에 담고 물 100mL씩을 가하여 10분간 불린다.

❸ 불린 시료는 가열하면서 녹는 온도를 측정한다.

❹ 녹은 한천액과 젤라틴액을 식히면서 응고되는 온도를 측정한다.

❺ 각 시료의 겔 강도를 측정한다.

5. Flow Chart

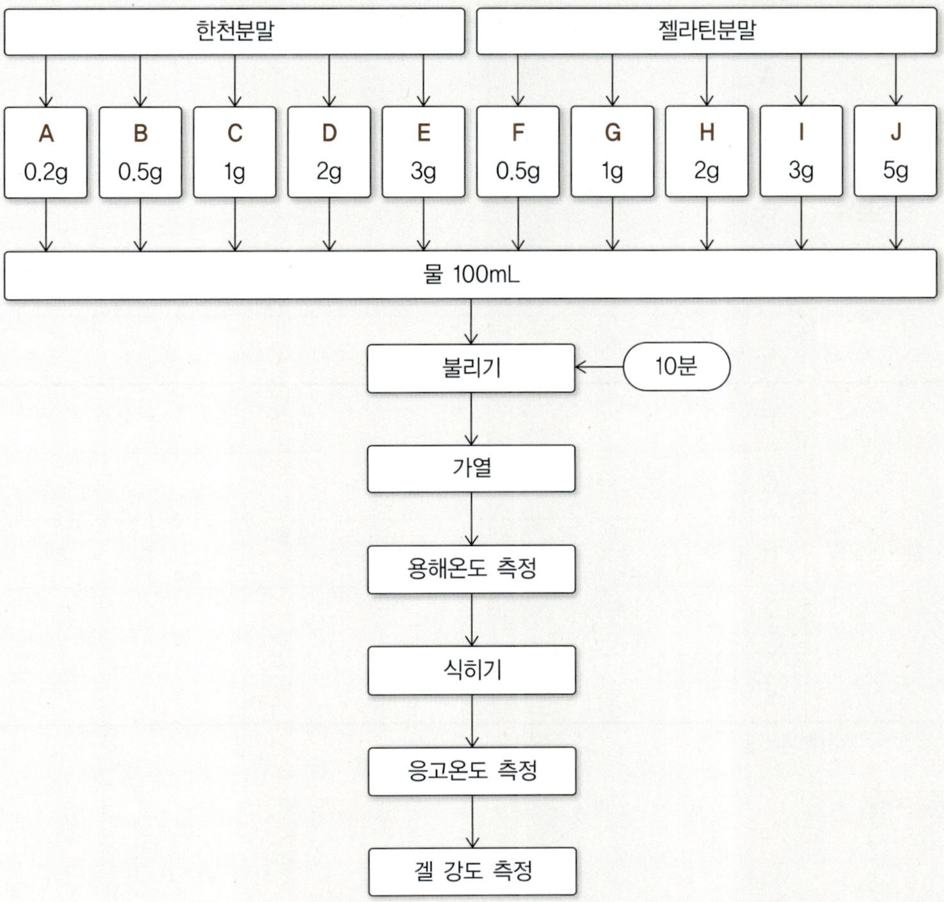
한천분말
젤라틴분말
A 0.2g
B 0.5g
C 1g
D 2g
E 3g
F 0.5g
G 1g
H 2g
I 3g
J 5g
물 100mL
불리기
10분
가열
용해온도 측정
식히기
응고온도 측정
겔 강도 측정

6. 실험결과

시료		용해 온도(℃)	응고 온도(℃)	겔의 강도[1)]
한천분말	A			
	B			
	C			
	D			
	E			
젤라틴분말	F			
	G			
	H			
	I			
	J			

1) 순위척도법(단단한 것부터)

7. 고찰

실험 2· 한천 농도에 따른 양갱 제조

1. 실험목적

한천의 농도가 양갱의 품질에 미치는 영향을 알아본다.

2. 실험재료

한천분말 4.2g, 설탕 120g, 팥앙금 600g, 물엿 45g, 물 300mL

3. 실험기구 및 기기

메스실린더, 피펫, 저울, 양갱틀, 조리기구

4. 실험방법

❶ 한천분말 0.2g에 물 100mL를 넣고 10분간 불린 후 한천이 녹을 때까지 가열한다. 설탕 40g을 넣어 녹을 때까지 끓여서 팥앙금 200g을 넣고 끓인 다음 물엿 15g을 넣어 윤기를 낸다(A).
❷ ❶의 방법으로 하되 한천분말을 1g으로 한다(B).
❸ ❶의 방법으로 하되 한천분말을 3g으로 한다(C).
❹ 양갱틀에 부어 실온에서 단단해질 때까지 굳힌다.
❺ 양갱의 외관, 질감, 맛, 기호도를 평가한다.

5. Flow Chart

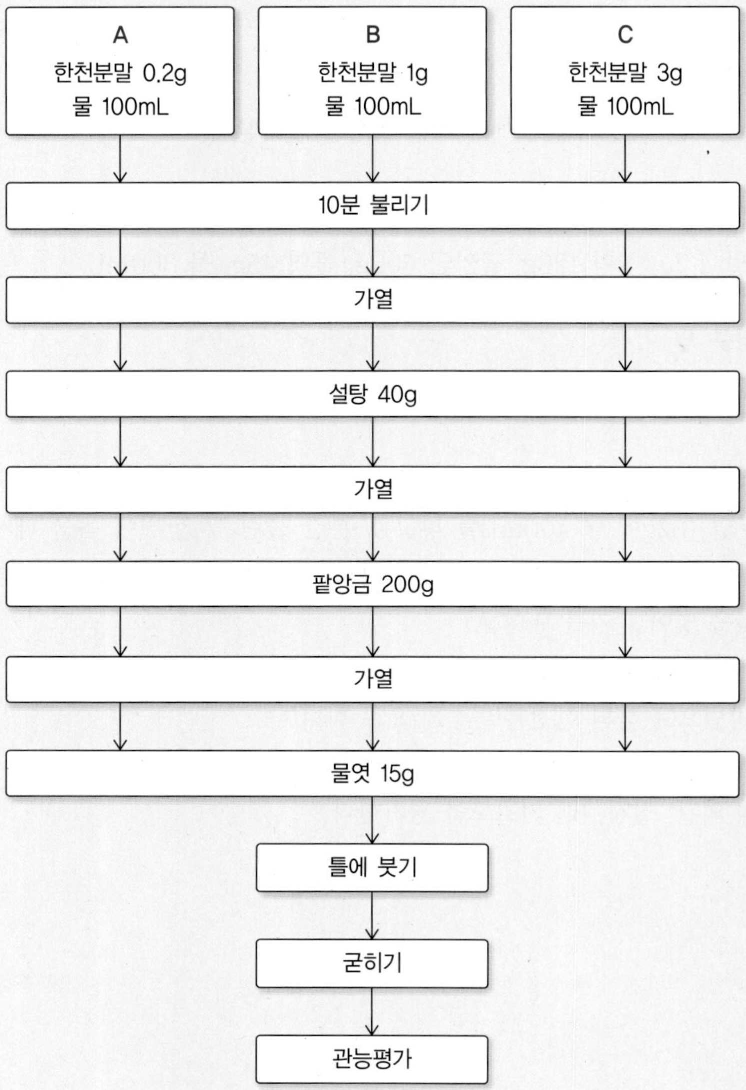
A
한천분말 0.2g
물 100mL
B
한천분말 1g
물 100mL
C
한천분말 3g
물 100mL
10분 불리기
가열
설탕 40g
가열
팥앙금 200g
가열
물엿 15g
틀에 붓기
굳히기
관능평가

6. 실험결과

시료	외관[1)]	질감[2)]	맛[3)]	기호도[4)]
A				
B				
C				

1) 묘사법
2)~4) 순위척도법(좋은 것부터)

7. 고찰

팥 양갱	
재료 한천분말 2.5g 설탕 81g 물엿 6g 붉은팥앙금 125g 통조림 밤 25g 물 80mL	**만드는 법** ❶ 한천분말에 물을 넣고 끓여서 한천을 녹인다. ❷ 한천이 완전히 녹으면 설탕을 넣고 끓인다. ❸ 거품이 가득 일면서 바글바글 끓어오르면 붉은팥앙금을 잘 풀어 주면서 넣는다. ❹ 계속 끓이다 농도가 맞으면 통조림 밤과 물엿을 넣는다. ❺ 일정한 틀에 물을 바르고 끓인 양갱을 부은 후 실온에서 4~5시간 정도 굳힌다.

실험 3· 젤라틴 젤리 제조 시 단백질 분해효소의 영향

1. 실험목적

젤라틴 젤리를 만들 때 단백질 분해효소가 젤리의 형성에 미치는 영향을 알아본다.

2. 실험재료

젤라틴분말 8g, 설탕 60g
통조림 파인애플 주스, 생파인애플 주스 각 30mL
물 200mL

3. 실험기구 및 기기

메스실린더, 피펫, 저울, 타이머, 믹서기, 젤리틀, 조리기구

4. 실험방법

❶ 젤라틴분말 4g에 물 30mL를 넣어 10분간 불린 후 끓는 물 70mL를 부어 녹인 다음 설탕 30g과 통조림 파인애플 주스 30mL를 넣는다. 젤리틀에 부어 식힌 후 냉장고에 넣어 굳힌다(A).

❷ ❶의 방법으로 하되 통조림 파인애플 주스 대신 생파인애플 주스 30mL를 넣는다(B).

❸ 젤라틴 젤리의 응고상태를 관찰한다.

5. Flow Chart

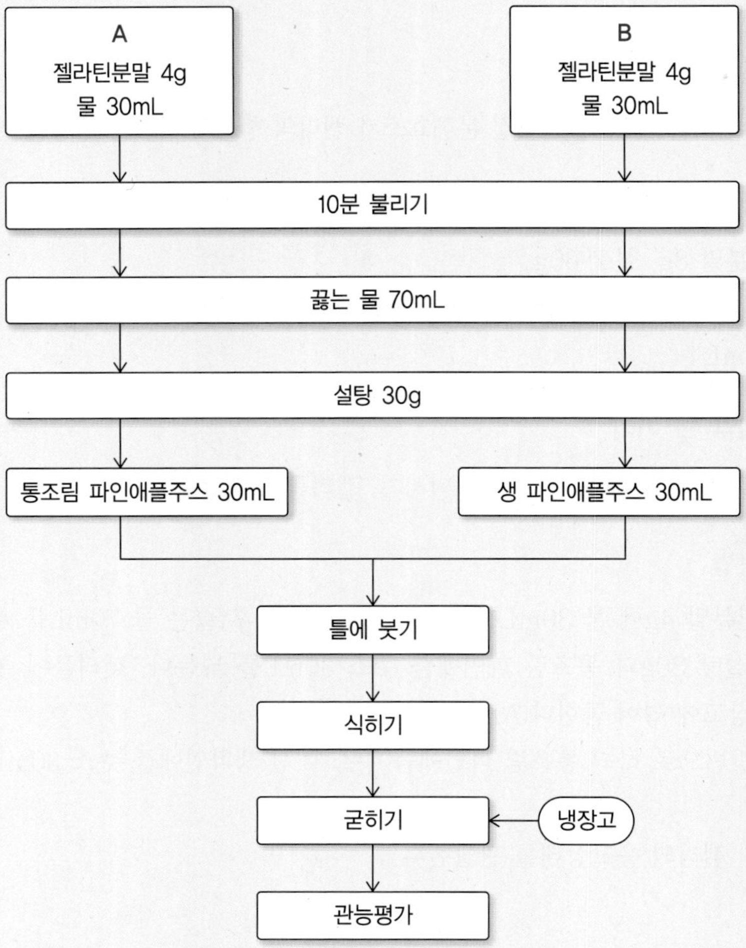
A
젤라틴분말 4g
물 30mL
B
젤라틴분말 4g
물 30mL
10분 불리기
끓는 물 70mL
설탕 30g
통조림 파인애플주스 30mL
생 파인애플주스 30mL
틀에 붓기
식히기
굳히기
냉장고
관능평가

6. 실험결과

시료	응고상태[1]
A	
B	

1) 묘사법

7. 고찰

응용조리 · 젤라틴을 이용한 조리

오렌지 젤리	
재료 판 젤라틴 4g 만다린오렌지 15g 오렌지 주스 75mL 그랑마니에(술) 0.6mL 설탕 20g 물 50mL	**만드는 법** ❶ 판 젤라틴을 찬 물에 불린 후 물을 넣고 중탕으로 녹인다. ❷ 녹인 젤라틴 용액에 술, 설탕, 오렌지 주스를 넣는다. ❸ 컵에 만다린오렌지를 넣고 ❷를 부은 후 냉장고에서 굳힌다.

블루베리 무스	
재료 젤라틴분말 6g 블루베리 퓨레 140g 블루베리 약간 생크림 200mL 설탕 60g 물 28mL	**만드는 법** ❶ 젤라틴분말에 물을 넣고 섞은 후 20분 정도 불린다. ❷ 볼에 생크림을 담고 70% 정도만 거품을 낸다. ❸ 냄비에 블루베리 퓨레와 설탕을 넣고 중불에서 끓이다가 설탕이 녹으면 불에서 내린다. ❹ ❸에 불린 젤라틴을 넣고 잘 섞어서 재빨리 식힌 다음 거품 낸 생크림을 넣는다. ❺ 투명용기에 ❹를 80% 정도 채워 냉장고에서 1시간 정도 굳힌 다음 블루베리로 장식한다.

참고문헌

- 강근옥 · 김성옥, 『조리과학 이론 및 실험(개정판)』, 도서출판 효일, 2013.
- 강신주, 『식품학』, 형설출판사, 1989.
- 강옥주 · 이미경 · 이영옥 · 고대희, 『조리원리』, 삼광출판사, 2009.
- 김관우, 『식품화학』, 광문각, 2000.
- 김광옥 · 이영춘, 『식품의 관능검사』, 학연사, 1996.
- 김기숙, 『조리방법별 조리과학 실험』, 교학연구사, 1995.
- 김기숙 · 김향숙 · 오명숙 · 황인경, 『조리과학』, 수학사, 1998.
- 김기숙 · 김향숙 · 오명숙 · 황인경, 『조리과학(이론과 실험실습)』, 수학사, 1998.
- 김동훈, 『식품화학』, 탐구당, 1997.
- 김상순 · 김순경, 『식품학』, 수학사, 1994.
- 김미리 · 이미숙 · 이영은 · 권순자 · 문보경 · 이정희, 『핵심원리 이해를 위한 실험조리』, 파워북, 2015.
- 김소미 · 최신혜, 『최신조리전문용어』, 도서출판 효일, 2009.
- 김완수 · 신말식 · 이경애 · 김미정, 『조리과학 및 원리』, 라이프사이언스, 2008.
- 김완수 · 신말식 · 정해정 · 이경애 · 김미정, 『조리과학 및 실험』, 라이프사이언스, 2006.
- 김현주 · 이선미 · 이선희 · 최진영 · 한성희 · 황자영, 『에센스 실험조리』, 지구문화사, 2016.
- 김형수 · 김용희, 『식품학 개론』, 수학사, 1994.
- 김혜영 · 김미리 · 고봉경, 『식품품질평가』, 도서출판 효일, 2004.
- 남궁석, 『도해 식품학』, 광문각, 2001.
- 농촌진흥청 농업과학기술원 농촌자원개발연구소, 『식품성분표(제7차 개정판)』, 2006.
- 모수미 · 이혜수 · 현기순 · 홍성야, 『조리학』, 교문사, 2000.
- 문범수 · 이갑상, 『식품재료학』, 수학사, 1996.
- 문수재 · 손경희, 『식품학 및 조리원리』, 수학사, 2000.
- 박원기, 『기본식품화학』, 신광출판사, 1994.
- 박일화, 『조리원리 실험』, 수학사, 1986.
- 박춘란 · 이영옥 · 김윤선 · 이상아, 『실험조리』, 삼광출판사, 2002.
- 박춘란 · 한경선, 『조리원리』, 문운당, 1999.
- 배영희 · 박혜원 · 박희옥 · 정혜정 · 최은정 · 채인숙, 『조리응용을 위한 식품과 조리과학』, 광문각, 2008.

- 변진원 · 현영희 · 송주은 · 김경민, 『메뉴개발을 위한 실험조리』, 지구문화사, 2013.
- 서정숙 · 정은자 · 김옥경, 『실험조리(개정판)』, 도서출판 효일, 2000.
- 손경희 · 오혜숙 · 이명희 · 이명미, 『식품학 및 조리원리 실험실습서』, 효일문화사, 1994.
- 송재철, 『식품재료학』, 교문사, 1994.
- 송주은 · 현영희 · 변진원, 『최신 조리원리』, 백산출판사, 2001.
- 송주은 · 현영희 · 변진원 · 백승희 · 김종욱 · 전기수 · 김미정, 『최신조리원리』, 백산출판사, 2010.
- 송태희 · 우은애 · 손정우 · 오세인 · 신승미, 『이해하기 쉬운 조리과학』, 교문사, 2011.
- 신말식 · 이경애 · 김미정 · 김재숙 · 황자영, 『조리과학』, 파워북, 2009.
- 안명수, 『식품과 조리과학』, 신광출판사, 2001.
- 안명수, 『식품과 조리과학 실험서』, 신광출판사, 2003.
- 안명수, 『식품화학』, 신광출판사, 2004.
- 안명수 · 우경자, 『조리과학 실험(실험조리)』, 수학사, 2000.
- 안미령 · 유주연 · 전태연 · 나정숙 · 배현수 · 이윤정 · 이미영 · 조한용, 『메뉴개발을 위한 조리원리』, 지구문화사, 2016.
- 오석태 · 염진철, 『서양조리학개론』, 신광출판사, 1998.
- 우인애 · 이병순 · 김동희 · 오세인 · 송태희, 『한눈에 보이는 실험조리』, 교문사, 2012.
- 윤계순 · 이명희 · 민성희 · 정혜정 · 김지향 · 박옥진, 『새로 쓴 식품학 및 조리원리』, 수학사, 2008.
- 윤덕인, 『식품과 조리과학』, 신광출판사, 2005.
- 이규한, 『식품화학』, 형설출판사, 1989.
- 이서래 · 신효선, 『개정증보 최신식품화학』, 신광출판사, 1997.
- 이주희 · 김미리 · 민혜선 · 이영은 · 송은승 · 권순자 · 김미정 · 송효남, 『과학으로 풀어 쓴 식품과 조리원리』, 교문사, 2010.
- 이혜수 외, 『조리과학』, 교문사, 2001.
- 임희수, 『21세기 식품학』, 도서출판 효일, 2005.
- 장명숙, 『최신 실험조리』, 도서출판 효일, 2006.
- 장명숙 · 김나영, 『식품과 조리원리(개정판)』, 도서출판 효일, 2013.
- 장수경 · 김영순 · 오성자 · 이송단, 『식품조리학』, 백산출판사, 1998.
- 장명숙 · 박문옥 · 김용식, 『서양음식 이론과 실제』, 신광출판사, 2004.
- 전희정, 『실험조리』, 교문사, 1998.
- 전희정 · 백재은 · 주나미 · 정희선, 『제과 · 제빵 이론&실기』, 교문사, 2002.

- 정은자 · 서정숙 · 김옥경, 『실험조리(개정판)』, 도서출판 효일, 2012.
- 정현숙, 『조리과학』, 지구문화사, 2003.
- 정현숙 · 김은정 · 이난희 · 박경숙 · 김영희, 『새로운 조리원리』, 양서원, 2012.
- 정현숙 · 정희숙, 『새로운 조리과학』, 지구문화사, 1997.
- 조경련 · 조신호 · 김영순 · 주난영 · 정현숙 · 송미란, 『Flow Chart와 함께하는 실험조리과학』, 교문사, 2011.
- 조신호 · 임희수 · 정낙원 · 이진영 · 조경련, 『한국음식』, 교문사, 2003.
- 조신호 · 조경련 · 강명수 · 송미란 · 주난영, 『식품학』, 교문사, 2002.
- 조재선 · 황성연, 『식품학』, 광일문화사, 1997.
- 주나미 · 박상현, 『조리과학 및 실험』, 파워북, 2007.
- 최순남 · 윤옥현 · 정남용, 『재미있는 실험조리』, 도서출판 효일, 2009.
- 최혜미 외, 『21C 영양학 원리』, 교문사, 2001.
- 하귀연 · 이진순 · 김미경 · 김영순 · 김정숙, 『새로운 실험조리』, 지구문화사, 1997.
- 한경선 · 김영인 · 정낙원, 『조리과학 실험』, 도서출판 효일, 2003.
- 한국식품영양학회, 『식품영양학사전』, 한국사전연구사, 1997.
- 한국식품조리과학회, 『식품조리과학용어사전(개정판)』, 교문사, 2007.
- 한국조리과학회, 『조리과학용어사전』, 교문사, 2003.
- 한명규, 『건강기능성식품』, 신광출판사, 2002.
- 한명규, 『최신 식품학』, 형설출판사, 1996.
- 한재숙 외, 『실험조리』, 형설출판사, 2000.
- 현영희 · 이정희 · 변진원 · 송주은, 『최신 실험조리』, 지구문화사, 2011.
- 홍진숙 · 박혜원 · 박란숙 · 명춘옥 · 신미혜 · 최은정 · 정혜정, 『식품재료학』, 교문사, 2005.

저자소개

임희수

- 중앙대학교 대학원(이학박사)
- 현재 장안대학교 호텔조리과 교수

박문옥

- 단국대학교 대학원(이학박사)
- 현재 장안대학교 호텔조리과 교수

박경란

- 중앙대학교 대학원(이학박사)
- 현재 장안대학교 호텔조리과 교수

조리과학화를 위한 **실험조리**

발 행 일	2018년 8월 20일 초판 인쇄 2018년 8월 27일 초판 발행
지 은 이	임희수·박문옥·박경란
발 행 인	김홍용
펴 낸 곳	도서출판 **효일**
디 자 인	에스디엠
주 소	서울시 동대문구 용두동 102-201
전 화	02) 460-9339
팩 스	02) 460-9340
홈 페 이 지	www.hyoilbooks.com
Email	hyoilbooks@hyoilbooks.com
등 록	1987년 11월 18일 제6-0045호
ISBN	978-89-8489-458-7

값 22,000원